문구점 언니의
뼈 때리는
육아 이야기

문구점 언니의 뼈 때리는 육아 이야기

초 판 1쇄   2019년 11월 26일

지은이 서정미
펴낸이 류종렬

펴낸곳 미다스북스
총괄실장 명상완
책임편집 이다경
책임진행 박새연 김가영 신은서
본문교정 최은혜 강윤희 정은희

등록 2001년 3월 21일 제2001-000040호
주소 서울시 마포구 양화로 133 서교타워 711호
전화 02) 322-7802~3
팩스 02) 6007-1845
블로그 http://blog.naver.com/midasbooks
전자주소 midasbooks@hanmail.net
페이스북 https://www.facebook.com/midasbooks425

© 서정미, 미다스북스 2019, *Printed in Korea*.

ISBN 978-89-6637-739-8 03590

값 15,000원

미다스북스는 다음세대에게 필요한 지혜와 교양을 생각합니다.

내가 문구점에서 만난 세상에서 가장 아름다운 이야기들

문구점 언니의 뼈 때리는 육아 이야기

서정미 지음

미다스북스

사랑하는 현중, 현철에게

세상에서 가장 귀한 보물 현중, 현철이를 생각하며 이 책을 썼다.

1997년 11월 17일 나에게는 아주 특별한 날이다. 돌도 안 된 현중이를 데리고 문구점을 시작했다. 1년 뒤 1998년 11월 17일 현철이가 태어났다. 20년 이상 훌쩍 지났는데 책을 쓰면서 그 시절로 다시 돌아갈 수 있었다.

20년 이상 문구점을 운영하면서 참 다양한 엄마와 아이들을 만났다. 엄마 말을 잘 듣지 않는 아이들이 많았다. 엄마들 또한 이런 아이들이 왜 그렇게 행동하는지 알지 못했다. 아이들을 잘 관찰하고 아이의 눈높이에 맞춰 대화를 하면 아이들이 어떤 마음으로 그런 행동을 하는지 알 수 있었다. 문구점을 방문하는 아이들을 보면서 뭐든 궁금해하는 아이들이 참 신기했다. 예쁜 꼬마들에게도 배울 것이 있었고 얘기를 하면 다 생각이 있구나 싶었다. 한 명도 똑같은 아이가 없기 때문에 언제나 새롭다.

그런 아이들을 보면서 우리 현중이와 현철이를 키우는 데 많은 도움을 받았다. 지금은 현중, 현철이보다 어린 아이들을 만나는데 요즘 엄마들이 많이 힘들어하는 모습을 보면서 처음 내가 아이들을 키울 때 했던 고민과 많이 다르지 않다는 생각을 했다.

최고의 고민은 공부를 잘했으면 하는 것이었다. 건강하게 태어나서 건강하게 잘 자라는 모습을 보니 욕심이 생긴 것이다. 공부보다 더 중요한 게 아이들의 자존감을 높여주는 일인데 아직 많은 부모가 모르고 있는 것 같다. 꿈도 찾아주어야 한다. 새로운 세상을 보여주고 아이들의 눈높이에 맞춰서 아이의 행동보다 마음을 먼저 보아야 하는데 그때는 나도 그렇게 하지 못했다.

엄마와 아이들이 물건을 구매하러 오면 요즘 가장 많이 듣는 말이 "빨리빨리 골라."이다. 여유 있게 볼 수 있는 시간을 주고 생각할 수 있는 시간을 줘야 하는데 빨리빨리 하라고 야단을 친다. 그럼 아이는 자세히 보지 않고 대충 고른다. 결국 공부할 때도 대충 하게 된다. 하지만 엄마들은 또 욕심을 부린다. 평상시 '빨리빨리'를 외치고 대충 하는 습관을 만들어놓고 공부할 때는 꼼꼼히 보라고 한다. 어떻게 꼼꼼히 볼 수 있을까?

우리 현철이에게 가장 듣고 싶은 말이 무엇인지 물어본 적이 있다. 조금 생각하더니 "괜찮은 사람이야."라고 해줄 때 가장 좋았다고 한다. 나는 우리 아이들에게 사랑한다는 말과 잘한다는 말도 많이 해주었다. 어릴 때 예의 바르고 착하게 자란 아이들 중에는 부모님께 칭찬받고 인정받는 아이들이 많았다. 그래서 나는 조금이라도 우리 아이들이 예의 바르고 착하게 자라길 바라는 마음으로 칭찬을 많이 해주었다. 엄마들도 알고 있는 말인데 표현을 하지 않는 경우가 많다. 아이들이 당연히 안다고 생각하는 것 같다. 하지만 입장 바꿔서 생각해보면 우리도 누군가에게 인정받을 때 가장 행복하고 더 잘하려고 했다는 사실을 알게 될 것이다.

아이를 키우는 동안 모든 순간이 감동이었다. 그래서 절대 남들과 비교하지 말아야 한다. 형제끼리도 자매끼리도 비교하지 않으면 좋겠다. 각자가 가지고 있는 꿈과 개성을 그대로 사랑해주면 얼마나 좋을까? 처음 엄마가 되었을 때의 모습과 지금 나의 모습과 5년 뒤 나의 모습을 생각해보자. 또한 나의 옆에 있는 아이들이 처음 태어났을 때와 지금의 모습과 5년 뒤에 어떤 모습으로 나의 옆에 있을지 생각해보자. 그리고 행복하길 바란다면 지금부터 어떻게 하면 행복해질 수 있는지 생각하고 행동하면 된다. 지금 행복해야 5년 뒤에도 행복할 수 있다.

아이들을 키우면서 엄마, 아빠 생각을 많이 했다. 자식은 짝사랑이라는 말이 있다. 주고 또 주어도 항상 못 해준 것만 기억이 난다. 우리 부모에게 받고 또 받고 계속 받기만 했다는 사실을 책을 쓰면서 알았다. 아이들과 생활했던 모습을 기억하면서 알게 되었다. 그래서 자식 낳아봐야 철

문구점 언니의 뼈 때리는 육아 이야기

이 든다고 했나 보다. 부모님이 항상 자식 잘되라고 바라며 언제 오나 기다리는 모습을 알면서도 가게를 한다는 핑계로 자주 가보지 못한 것이 후회스럽다. 그리고 얼마나 외로웠을까 하는 생각이 든다. 오늘 따라 엄마가 너무 많이 보고 싶다. 항상 옆에 계실 줄 알았는데 너무 쉽게 나의 곁을 떠나셨다.

"엄마, 그곳에서는 아프지 말고 고생하지 말고 잘 지내."

얼마 전 현중이와 꿈에 대해 얘기했다. 현중이는 크리에이터가 되고 싶다고 했다. 나는 책을 쓰고 싶다고 했다. 열심히 책을 읽어야 작가가 되는 줄 알았다. 그러나 그 꿈을 생생하게 떠올리며 생각하니 작가의 길이 보였고 결국 운이 좋게 책을 쓰게 되었다.

20년 이상 문구점을 하면서 보고, 느낀 점을 생생한 사례와 함께 담았다. 처음 육아를 하는 엄마들에게 도움이 되면 좋겠다는 생각으로 행복하게 썼다. 재미있게 읽어준다면 더 바랄 것이 없다.

2019년 11월
서정미

차 례

1장

내가
문구점에서
만난 아이들

아이들은 왜 문구점을 좋아할까?

"어린이가 세상의 신비를 재발견할 수 있도록 도와줄 수 있는 어른이 적어도 한 명은 있어야 한다."

- 레이첼 카슨

내게 문구점은 천국이었다

1997년 11월 17일은 나에게 아주 특별한 날이다. 처음으로 문구점을 오
픈했기 때문이다. 첫아이가 돌이 안 되었기 때문에 방과 가게가 같이 있
는 곳을 얻어야 했다. 그리고 가진 돈이 별로 없어 주택가에 자리한 지금
의 가게를 얻게 되었다. 주변에 문구점을 오래한 사람들의 90% 이상이
반대했지만 내가 선택할 수 있는 일은 그것밖에 없었다. 나에게는 그곳이
천국이었다.

작지만 포근한 방도 있었다. 무엇보다 2층에 사시는 주인 부부는 친정

부모님처럼 잘 대해주셨다. 우리 아이들을 손주처럼 생각하며 항상 사랑으로 예뻐해주셨다. 내가 혼자 장사할 때 힘들다고 아이들을 업어주시고 아저씨 출근하실 때 데리고 갔다가 저녁에 데려오셨다.

　나는 처음 2년 정도 살다가 더 좋은 곳으로 가려고 했다. 하지만 너무 따스하고 좋은 분들을 어디를 가더라도 만나지 못할 것이라는 생각에 살다 보니 지금까지 한곳에서 문구점을 하고 있다.

　이렇게 27살에 문구점 생활이 시작되었다. 아이들은 왜 그토록 문구점을 좋아할까? 알록달록 예쁜 스티커를 보면 여자아이들은 눈을 떼지 못하고 빠져들었다. 그렇게 예쁜 스티커가 있는 줄 나도 몰랐다. 아이들이 스티커를 보고 좋아하면 나도 덩달아 기분이 좋았다. 그리고 우리 작은 아이와 스티커 북에 스티커를 붙이고 놀았던 기억이 생생하다.

　형은 어린이집에 가고 나와 작은아이는 문구점을 봐야 했기에 놀아줄 생각으로 둘러보다가 좋아하는 공룡스티커 북을 사주었다. 공룡의 모양과 크기는 다 달랐다. 책 속에 있는 모양과 크기에 맞는 스티커를 찾아서 붙이는 재미에 푹 빠져 순식간에 책 한 권을 다 붙이고 또 달라고 했던 기억이 있다. 손님이 와서 혼자 있을 때도 스티커 북에 집중하느라 내가 옆에 없는지도 모르고 잘 놀았다. 아이들은 좋아하는 스티커 하나를 가지고 놀면서 자기만의 방식으로 표현을 하는 것 같다. 그때는 스티커 하나만으로도 그렇게 행복해했다. 지금 엄마들도 아이들과 스티커를 사서 같이 노는 행복을 알았으면 좋겠다.

한동안 다이어리가 유행한 적이 있다. 여자아이들은 예쁜 공주 그림이 들어간 가방 모양의 예쁜 다이어리가 있었다. 남자아이들은 유행하는 멋진 로봇 그림이 들어간 다이어리가 있었다. 우리는 학교 다니는 아이들이 스케줄을 정리하면서 다이어리를 유용하게 사용한다고 생각하지만 학교에 들어가기 전의 아이들이 다이어리를 더 좋아했다. 다이어리에 예쁜 스티커를 모으고 보물 단지 모시듯이 항상 가지고 다니며 행복해했다.

남자아이들은 공을 참 좋아한다. 공 종류도 작은 것부터 큰 것까지 참 다양하고 공 하나만 있으면 모두 재미있게 놀 수 있다. 그래서 월드컵 경기가 있으면 온 국민이 하나가 되나 보다. 이렇게 물건을 하나하나 채우다 보니 정말 신기한 물건도 많고 재미있는 장난감도 많았고 그야말로 장난감 천국이었다.

내가 어릴 때는 문구점에 있는 문구도 지금처럼 다양하지 않았고 완구는 거의 모르고 살았다. 여름에는 강에서 수영하며 놀았고 겨울에는 산에서 비닐 썰매를 타고 놀았다. 강가에서는 나무로 만든 썰매를 타고 놀았다. 나는 손수 대나무를 깎아서 연을 만들어 날리기도 했다. 지금 아이들은 만들어져 있는 연도 잘 날리지 못한다. 요즘은 스마트폰 게임을 많이 하기 때문에 내 이야기가 딴 세상 이야기로 들릴지도 모른다. 나의 어릴 때와 비교해보면 지금 아이들은 정말 좋은 세상에 살고 있는 것 같다.

아이들은 왜 문구점을 좋아할까? 문구점을 하면서 왜 그렇게 좋아하는지 알게 되었다. 그러나 모든 엄마가 문구점을 좋아하지는 않는다. 파는 음식도 불량식품이라고 사 먹지 말라고 한다. 장난감도 몸에 안 좋다고 못 사게 한다. 내가 꼭 죄를 지은 사람 같다는 생각이 들기도 했다. 나를 무시하는 것 같은 기분이 들어서 처음에는 정말 많이 힘들었다.

아이를 키우는 것도 처음이라 힘들었고 사람들의 말 한마디 한마디가 나의 마음을 아프게 했다. 문구점을 하니까 내가 이런 대접을 받나 하는 생각도 들었다. 모든 것이 혼란스러웠다. 하지만 힘들다는 말도 할 수 없었다. 처음 시작할 때 아이도 어리고 둘째도 낳아야 한다며 반대했고 자리도 안 좋다고 모두 반대했기 때문에 그런 어려움은 스스로 감수해야 한다고 생각했다. 그렇게 바쁘게 지내는 사이 둘째를 임신했다. 너무 좋으면서도 어떻게 키워야 하나 겁이 났다. 그때 주인아저씨와 주인아줌마가 없었다면 나는 가게를 접어야 했을 것이다.

문구점에서 바라본 아이들의 자라는 모습

1998년 11월 17일, 둘째가 태어났다. 우연의 일치일까 1년 만의 경사였다. 둘째 아들은 2층 주인집에서 돌잔치도 했다. 정말 나의 부모님이나 다름없었다. 그렇게 나에게는 2명의 보물과 또 다른 부모님이 생긴 것이다. 그리고 나는 생각을 바꾸기로 마음먹었다. 내가 가게를 접고 할 수 있는 일이 뭐가 있을까? 그때 상황에서 그냥 집에만 있을 수 있는 형편도 아니고 내가 지금 할 수 있는 것이 무엇이 있는지 생각해봤는데 더 나은 방법이 없겠다는 결론이 났다. '이왕 할 거라면 즐기자.'라는 생각이 들었다. 그 순간부터 나의 생활이 바뀌었다. 힘들다고 생각했던 육아도 쉽게 생각하게 되었다. 문구점 일도 그렇게 재미있었다.

미니카가 유행한 적이 있다. 요즘 아이들은 스마트폰으로 미니카 게임을 아주 멋지게 즐긴다. 하지만 그때는 미니카를 손수 조립하고 레일 위에서 경주하는 게임을 즐겼다. 미니카 조립하는 것도 재미있었고 스스로 조립한 미니카로 경주할 때에는 모든 아이가 초집중해서 지켜보았다. 자기가 달리는 것처럼 흥분하며 소리 지르고 이긴 친구에게는 격하게 축하해주었다. 레이싱 경기장을 방불케 했다. 보통의 엄마들은 미니카를 사면 조립을 못한다. 아빠들이 퇴근 후에 조립해주기를 기다렸다가 다음 날에나 경기에 참여할 수 있었다. 하지만 아이들은 기다리지를 못한다. 그럼 나에게 미니카를 조립해달라고 부탁했다. 나는 미니카를 팔았기 때문에 조립을 해줄 수밖에 없었다. 처음에는 조립을 해도 달리지 않았다. 그러나 몇십 개 조립을 하고 나니 척척 해내고 전지만 넣으면 바로 달릴 수 있는 차를 완성할 수 있게 되었다. 그것도 나에게는 작은 도전이었는데, 자꾸 하다 보니 안 되는 일은 없었다.

선물처럼 다가온 사랑스런 아이들이 처음에는 사랑스러운지 몰랐다. 말 그대로 꼬마 손님이었을 뿐. 그런데 어느 순간부터 아이들이 참 예쁘고 사랑스럽게 보이기 시작했다. 잘 생각해보니 우리 아이들이 둘 다 스무 살이 넘고 성인이 되고 나서부터였다. 우리 집에 오는 아이들이 정말 귀엽고 사랑스러워 보였다.

요즘은 거의 모든 가정이 맞벌이를 한다. 아이들은 학교가 끝나면 학원에 갔다가 집으로 가는 것이 대부분의 일상이다. 우리 아이들도 영어학원, 미술학원, 피아노학원, 태권도학원, 참 많이 보냈다. 요즘 엄마들은 엄청 바쁘다. 회사 다녀야지, 퇴근 후에 집안일 해야지, 아이들 챙겨야 한다. 힘들고 바쁜 것은 다 알지만 우리 아이들보다 더 소중한 게 있을까? 아이들이 초등학교만 들어가도 정말 얼굴 보기 힘들다.

아이들과 놀아주는 게 쉬운 일은 아니다. 하지만 귀하고 사랑스런 우리 아이들은 엄마랑 이야기를 하고 싶어 한다. 그런 아이들과 하루에 10분이라도 마주하고 눈을 마주치고 오늘 어떤 일이 있었는지 누구랑 무엇을 하며 재밌게 지냈는지 물어보길 바란다. 바빠서 안 된다고 하는 사람도 있고 더 많은 시간을 보내는 엄마들도 있을 것이다. 하지만 시간이 없다고 주말에 몰아서 이야기를 나누는 것보다는 그날그날 조금씩 편하게 대화하는 것이 더 좋다. 아이들이 커가는 모습을 보며 아이들의 얘기를 들어줄 때 아이들은 자신이 소중한 존재임을 깨닫고 자신감 있게 자랄 것이다. 그리고 아이의 얘기를 잘 들어준 엄마는 아이가 커서도 아이와 친구처럼 대화를 할 것이다.

어린 왕자가 문구점에 온 이유

"가장 중요한 건 눈에 보이지 않아. 마음으로 보면 항상 함께할 거야."

- 『어린 왕자』

어린 왕자들은 호기심 왕자들이다

내가 중학교 시절 국어 수업 시간에 선생님이 물으셨다.

"『어린 왕자』책 읽어본 사람?"

"생텍쥐페리의 『어린 왕자』책 읽어봤어요. 너무 재미있어요."

"맞아, 참 재미있는 얘기야. 안 읽은 사람은 꼭 읽어봐."

선생님은 영선이와 대화를 하며 그 책을 안 읽어 본 사람은 읽어보라며 추천해주셨다. 나는 '생텍쥐페리'라는 작가 이름을 처음 들어보았다. 『어린 왕자』는 무슨 내용일까? 그 제목이 호기심을 자극하기에 충분했다. 그래서 도서관에 가서 『어린 왕자』를 빌려 보았다. 하지만 나는 무슨 내용인지 알 수 없었다. 이후 큰아이가 초등학교 5학년 때 생일선물로 받아온 『어린 왕자』를 다시 읽게 되었다. 그때와는 완전 다른 느낌이었다. 우리는 누구나 어린아이였다. 그때는 지위나 돈이나 숫자나 외모 등 눈에 보이는 것이 아닌 마음에서 나오는 것이 소중하다는 것을 알게 되었다. 어떤 아이가 호기심이 많은 아이일까? 어떤 아이가 금방 싫증을 느끼는 아이일까? 호기심이란 누구나 가지고 있는 '궁금해하는 마음'이다. 우리 집에 오는 어린 왕자들은 호기심 왕자들이다. 어린 왕자가 왜 문구점에 왔을까?

내가 어렸을 때 우리 집은 농사를 지었다. 그래서 엄마와 그 흔한 시장 구경 한 번 하지 못했다. 들로 산으로 그렇게 뛰어다니며 놀았다. 그곳에서 궁금한 것이 있으면 귀찮을 정도로 엄마에게 물어보았다. 엄마는 내가 물어보는 것을 잘 알려주지 않았다. 나중에 안 사실이지만 엄마는 글씨를 잘 모르기 때문에 알려주지 못했던 것이다. 난 더 이상 물을 곳이 없었다. 지금 같으면 책을 찾아보거나 네이버 검색을 해서 나름 모르는 것을 알아보고 궁금증을 풀 수 있을 것이다. 그러나 그때는 할 수 있는 게 없었다. 그래서 학교에서 배우는 것은 바로 위 작은언니에게 물어봤다. 작은언니는 나랑 2살 차이가 난다. 악기 부는 방법도 언니가 학교에서 배우고 와서 집에서 연습할 때 옆에서 하는 것을 보고 배울 수 있었다. 그래서 첫째인 친구들에 비해 쉽게 배울 수 있었다.

요즘 아이들은 새로운 물건이 들어오면 자신 있게 물어본다. 처음 보는 물건은 어디에 어떻게 쓰는 건지 물어본다. 만져보고 신기해한다. 계속 질문을 한다. 나는 그런 아이들을 보면서 호기심이 생겼다. 어린 왕자가 왜 문구점에 왔을까?

우리 집에 오는 아이들이 새로운 물건에 대해 물으면 잘 보고 생각해보라고 한다. 나는 알지만 아이들에게 설명하기 힘든 것도 있다. 너무 쉽게 얘기해주면 오히려 관심이 없어지기도 한다. 생각 자체를 하지 않으려고 한다. 그래서 먼저 얘기해주지 않는다. 요즘 고학년들은 스스로 인터넷 검색을 하고 어떻게 사용하는 것인지 친구들과 소통하면서 알려주고 즐거워한다. 생소한 물건들에 대해 물을 때는 가끔 놀라기도 한다. 아이들이 무엇을 갖고 싶어 하고 무엇을 하고 싶어 하는지 잘 관찰해야 알 수 있다. 그래서 요즘 아이들의 관심사가 무엇인지 물어보면 어린 왕자들은 신나서 얘기를 해준다. 아이들은 그렇게 물어보고 지켜봐주기를 바란다.

신경질적이던 아이가 말이 많아지고 웃기 시작했다

우리 집 형제는 사이가 매우 좋았다. 2년 차이라 서로 대화도 잘 통하고 운동도 같이 잘했다. 그런데 큰아이가 중학생이 된 후 사춘기가 왔다.

24

그때부터 집에서 둘째 아이에게 가장 무서운 존재는 형이었다. 얼마나 무서웠는지 집에 가지 않고 가게에서 나랑 보내는 시간이 많았다. 처음에는 편하게 집에 가서 쉬고 놀라고 했다. 그러나 집에 가지 않아 그 이유를 물어보니 형이 자꾸 짜증을 내고 무섭게 얘기한다는 것이었다. 그때 큰아이는 무슨 말만 해도 짜증을 내서 나 또한 말 붙이기가 힘들었다. 그렇다고 괜히 화를 내거나 나쁜 짓을 하지는 않았다. 그냥 한마디로 신경질적이었다. 나는 많은 말을 하지 않았다. 관심으로 얘기를 건네도 간섭으로 받아들이는 아이가 불쌍하다는 생각만 들었다. 내가 바빠서 해준 게 없어서 그런 거라고 혼자 자책만 했다.

그러다가 중 3때 댄스학원을 보내달라고 해서 그 학원에 보냈다. 주변에 아는 친구들은 아이가 중3인데 종합학원도 아니고 댄스학원을 보내는 거냐며 반대를 했다. 하지만 나는 '댄스학원을 가고 싶어 하는데 종합학원에 보낸다고 아이가 그 학원에서 공부를 잘할까?' 생각했고 결국 종합학원에 가도 마음은 다른 데 있기 때문에 절대 성적이 오를 거라고는 생각하지 않았다. 그건 시간낭비라는 생각이 들었다.

그때부터 아이는 달라지기 시작했다. 신경질적이던 아이가 말이 많아지고 웃기 시작했다. 6시에 시작해서 9시에 끝나서 집에 오면 10시쯤 도착해야 하는데 11시쯤 막차를 타고 집에 왔다. 끝나고 막차 시간까지 더 연습을 하고 오는 것이었다. 그렇게 사춘기를 극복하고 12월 24일 무대

발표회를 마치고 댄스학원을 그만 다니게 되었다. 그때 더 다니겠다는 것을 설득해서 취미로 하기로 했다. 지금 생각해보면 댄스학원을 계속 다녔어도 나쁘지 않았을 것 같다. 그때는 춤으로 평생 먹고살기는 어렵다고 얘기했는데 그것은 나의 짧은 생각이었다. 하고 싶은 일을 찾아주는 것이 부모의 역할인데 하고 싶은 일을 한다면 못할 게 없다. 춤뿐 아니라 기획도 있고 내가 알지 못하는 분야도 많은데 그때는 그걸 몰랐다.

지금은 자기가 원하는 서울시립대학교 스포츠과학과에 들어갔다. 군대도 갔다. 학교에서 단과대학 회장을 하면서 동아리 활동도 열심히 하고 알바도 하면서 너무 재밌게 지낸다. 잘 지내줘서 고맙다. 형은 그렇게 사춘기를 겪었는데 둘째는 사춘기가 없었다. 아니 내가 모르고 지나갔을지도 모른다. 형이 중학교 때 너무 잡아서 그랬을지 모르지만 나에게는 그랬다.

현중이가 고등학교에 가고 현철이가 중학교 2학년이 되었다. 형은 학교에서 늦게 오고 둘째는 아파트에 있는 공부방에 다녔다. 하루에 1시간 영어나 수학을 하면 모두 남는 시간이었다. 다른 친구들은 종합학원을 다니느라 주변에 같이 놀 친구가 없었다. 그때부터 현철이는 하루 5시간 이상 신나게 게임을 했다. 형이 옆에 있을 때는 같이 운동도 하고 교대로 게임을 하고 형이 게임을 할 때는 책도 읽던 아이였는데, 중학교 2학년 때 아무도 뭐라고 하는 사람도 없고 혼자 컴퓨터를 써도 되니 게임에 빠졌다. 나는 문구점이 바빠서 같이 놀아줄 수 있는 상황이 아니라서 밖에서 나쁜 친구들과 어울려 다닐까 봐 그렇게 게임을 해도 잔소리를 하지 않았다. 그때는 그랬다. 내가 해줄 수 있는 게 없었다.

현철이가 중3이 되었을 때 형이 다니던 댄스학원에 보냈다. 집에서 게임하는 시간에 형처럼 댄스를 배우면 재미있게 지낼 수 있을 것 같았다. 그리고 당당하고 자신감 있게 살 수 있을 것 같았다. 그렇게 1년 동안 댄스를 배우고 고등학교를 갔다. 우리 아이들은 초등학교, 중학교, 고등학교, 대학교까지 동기다. 휴가를 오면 학교 주변 맛집을 찾아다니고 학교 도서관에서 책도 같이 보고 배드민턴도 같이 치면서 잘 어울려 다닌다.

현철이는 해군으로 군 생활을 하고 있다. 5박 6일 휴가를 나왔다. 휴가를 오기 전부터 택배들이 쌓여 있었다. 무엇인지 무척 궁금했다.

"현철아, 택배가 많이 왔네. 이게 다 뭐야?"

"군대에서 컴퓨터 조립 관련 책을 보았는데 재미있을 거 같아 휴가 때 조립하려고 부품을 시켰어요."

"저번 휴가 때 친구들과 노느라 의미 없이 시간을 보내서 이번에는 뭔가 하고 싶었어요."

컴퓨터 공학을 전공하고 있다. 제대하면 최신형 컴퓨터를 사려고 월급을 모으고 있단다. 사지 말고 조립을 해도 될 것 같아 해본다고 했다. 휴가 마지막 날 들어가면서 뿌듯해했다. 처음에 조립을 했을 때는 작동이 되지 않았는데 다시 풀고 안 되는 원인을 검색해 보고 다시 조립했더니 작동이 된다고 좋아하며 복귀했다.

　나는 지금 알았다. '만약 내가 7년 전 아무 대책도 없이 아이에게 5시간 이상 게임만 한다고 잔소리하며 공부를 강요했다면 어땠을까? 공부를 잘 했을까? 지금보다 더 좋은 날이 왔을까?' 절대 더 좋을 수는 없었을 것이다. 힘없는 아이에게 매일 혼내고 잔소리하고 하기 싫은 공부하라고 강요 했다면 집은 절대 편한 곳이 아니었을 것이다. 나와도 지금처럼 편하게 얘기할 수 있는 사이가 될 수 없었을 것이다.

　아이들이 초등학교 고학년만 되어도 엄마들은 아이가 무슨 생각을 하고 있는지 무엇을 하고 싶어 하는지 알 수 없다며 물어도 대답도 없고 답답해 죽겠다고 말한다. 아직 아이가 자라지 않은 엄마라면 아이가 얘기하고 싶어 할 때 힘이 들어도 건성으로 듣는 척하지 말고 열심히 들어줘라. 그래야 나중에 아이들이 엄마에게 계속 얘기를 할 것이다.

03

웃고 놀면서 배우는 아이들

"먼저 경기의 규칙을 익혀야 한다. 그러고 나서 남보다 더 잘 뛰어야 한다."

- 알버트 아인슈타인

재미있게 즐겨보자

'젠가'라는 게임이 있다. 남녀노소 누구나 무리 없이 즐길 수 있는 게임이다. 나무 블록을 이용해 탄탄한 무언가를 짓는다기보다 얼마나 절묘하게 잘 빼내느냐가 승리 전략이다. 직사각형 모양의 나무 블록 54개로 구성된 젠가는 3개씩 18층으로 탑을 쌓고 순서대로 돌며 하나씩 빼내는 게임이다. 무너뜨리는 사람이 벌칙을 받게 된다. 처음 견고하게 쌓아올린 탑도 중간중간 듬성듬성 이가 빠지면서 점차 불안정한 모습이 되어가고 자기 차례가 돌아올 때마다 조마조마, 아찔아찔 긴장감이 넘친다. '어느 것을 뺄 것인가? 그것이 문제로다.' 먼저 평평한 바닥 위에 블록을 쌓아야 된다. 처음 구매할 때 젠가가 담겨 있던 케이스는 젠가를 완벽하게 세우기 좋은 틀이 된다. 처음 시작할 때는 케이스에 나무 블록을 격자 형태로 담아넣고 바닥에 뒤집어 쏟으면 완벽한 탑을 쌓아놓을 수 있다. 순서를 정하고 드디어 시작, 무작정 빼는 것이 아니라 무게 중심을 잘 따져보면서 빼내야 한다. 젠가는 기본 게임법 외에도 다양한 방법으로 변형 진행이 가능하다. 나무 블록을 이용하여 높이 쌓기, 2개의 주사위를 던져 나온 합에 해당하는 나무 블록 빼기 등도 해볼 수 있다. 기본 규칙보다 조금 더 재미있게 즐길 수 있는 방법도 많다. 각각의 블록 바닥에 벌칙을 적고 블록을 뺄 때 무너뜨리면 해당 블록에 적힌 벌칙을 수행하는 등 가족이 함께 아이디어를 내서 좀 더 재미있게 즐겨보자.

젠가를 하다 보면 정말 집중력이 장난 아니다. 어떤 것을 빼느냐에 따라 와르르 무너지기 때문에 최선을 다해 신중하게 선택하게 된다. 그래서 아무것이나 빼지 않는다. 앞서 소개된 방법도 있지만 모두 모여 아이디어를 내서 좀 더 재미있게 즐겨보라고 했듯이 서로 의견을 내놓으면서 게임의 룰을 정하고 새로운 아이디어로 새로운 게임을 만들어 즐기다 보면 아이들 창의력도 생각보다 높아진다. 기존의 게임 방식보다 새로 만들어서 해보자. 정말 재미있다. 단순해 보이는 젠가지만 생각보다 많은 생각을 할 수 있는 게임이다.

고도의 두뇌 회전으로 박진감 넘치는 '젬블로' 게임도 있다. 보석을 뜻하는 GEM과 블록의 합성어인 젬블로는 2004년 우리나라에서 출시된 대한민국표 보드게임 중 하나이다. 플레이어가 각자의 시작점부터 자기의 타일을 게임판 위에 최대한 많이 놓아 공간을 확보하는 추상 전략 보드게임이다. 출시 발매 이후 지금까지 10만여 개가 팔려나갔다고 할 정도로 대중적 인기를 얻고 있다. 혼자서는 물론 2~6명까지 함께 즐길 수 있다. 유럽, 미국, 대만, 중국, 일본 등에 수출되고 있는 대한민국 수출 1호 보드게임 젬블로도 친구들과 가족과 함께 해볼 만한 게임이다.

알록달록 보석처럼 아름다운 조각들과의 두뇌 싸움으로 벌집처럼 패인 말판 위를 채우는 보석은 투명, 노랑, 빨강, 파랑, 초록, 보라 등 총 6가지 색깔 18개이며 테트리스 조각처럼 다양한 모양을 하고 있다. 이 조각들로 다양한 모양을 만들어낼 수 있어 혼자서도 시간 가는 줄 모르고 맞추게 된다. 2명 이상의 게임을 하게 될 때는 몇 가지 규칙이 있다. 블록을 배치할 때는 같은 색끼리 마주하면 안 되며 자신의 블록과 길이 연결되어 있는 곳이어야 새 블록을 놓을 수 있다.

이러한 규칙에 맞게 배치하다가 더 이상 조각을 배치할 수 없을 때 서로 남은 조각들의 점수를 계산해서 점수가 적은 사람이 이기게 된다. 전국 보드게임 대회의 정식 종목이기도 한 젬블로의 매력에 한 번 빠지면 당분간 헤어나오기 힘들다고 한다.

아이들은 놀면서 배운다

또 '블루마블'이라는 보드게임이 있다. 블루마블은 전 연령층에 걸쳐 오랜 세월 사랑 받아온 국민보드게임이다. 한번 시작하면 2~3시간은 후딱 가버리는 중독성 있는 놀이이다. 처음 출시된 이후 어린이들 사이에서 선풍적인 인기를 모은 블루마블은 재산 증식형 보드게임으로 1934년 출시된 미국의 모노폴리라는 부동산 보드게임과 비슷한 형태이다.

블루마블은 이탈리아의 한 지방에서 부르아 에테니스와 사라센 이크리마블이라는 농부가 주사위 모양의 짚단을 가지고 땅 빼앗기 놀이를 하던 데에서 유래했다고 한다. 블루마블은 파리에 별장 짓기. 뉴욕에 호텔 짓기 등 부동산 재벌의 즐거움을 느낄 수 있다. 게임은 전반과 후반으로 나뉜다. 전반전은 게임판을 돌며 도시 이름이 적힌 씨앗카드를 구매한다. 후반전부터는 자신이 구매한 도시 위에 건물을 짓고 임대료를 받으면서 본격적인 게임을 시작한다. 자신의 땅에서 걷히는 임대료 수입을 통해 수익을 얻어 파산하지 않고 끝까지 버티는 최후의 1인이 승자가 되는 것이다. 3회 휴식하는 무인도, 원하는 장소로 이동할 수 있는 우주여행, 사회복지기금과 같은 비주권지역과 황금열쇠라는 미션카드가 있어 지루하지 않게 다양한 전략과 룰을 활용할 수 있다.

아이들은 놀면서 배운다. 아이들과 블루마블을 한 적이 있다. 한번 시작을 하면 2~3시간 가는 것은 일도 아니다. 파리에 별장도 지어보고 뉴욕에 호텔도 지어보고 부동산 재벌이 되어보고 잘못 해서 파산하기도 하면서 아이들은 앞으로 어떻게 경제를 좀 더 안정적으로 굴려야 하는지 배울 수 있다.

내가 어렸을 때는 장기나 바둑을 두는 어른들 옆에서 지켜보면서도 게임의 룰을 모르기 때문에 무슨 재미로 저렇게 오랫동안 앉아서 게임을 하는지 이해가 되지 않았다. 학교에 아이들 2~3명이 다이아몬드 게임을 즐기는 것을 보면서 게임의 룰을 알게 되었고 게임이 재미있다는 것을 알았다. 어른들은 모이면 장기나 바둑을 두는 일이 많았다. 아이들은 다이아몬드 게임, 체스 게임 등 여러 가지 게임을 따로 즐겼다. 요즘은 온 가족이 모이는 주말에 전 연령층이 모두 즐겁게 어울리는 데 힘든 놀이는 좋지 않다. 특별히 게임 방법을 숙지하지 않아도 쉽게 따라 하고 즐길 수 있는 보드게임이 있다. 젠가, 젬블로, 블루마블, 다이아몬드, 체스 게임을 꼭 기억했다가 가족끼리 즐겨보길 바란다.

날씨가 좋으면 밖으로 나가보자. 밖에서 즐길 놀이를 찾아보자. 나는 우리 현중이, 현철이가 학교가 끝나면 배드민턴을 종종 같이 쳤다. 장사로 바빠서 같이 쳐주지 못할 때는 같은 반 또래 친구들이 서로 배드민턴을 치겠다고 달려들었다. 그리고 학원 가기 전에 이렇게 조금이라도 틈을 내서 같이 놀아주면 우리 현중이, 현철이는 기분이 좋아져서 학원을 잘 갔다. 그리고 시간이 좀 많이 남은 날에는 친구들과 학교에 가서 축구를 하고 왔다. 그때는 인원이 많아도 상관없다. 쪽수만 맞으면 편을 가르고 축구를 한다. 나는 학교와 가까운 곳에서 문구점을 한다. 그래서 집이 먼 아이들이 있으면 공을 빌려주고 놀다가 가지고 오라고 한다. 바람 빠진 공이 있으면 언제든지 바람을 넣어준다. 그렇게 하다 보니 중학교를 가고 고등학교를 간 아이들도 주말에 와서 공을 차다가 바람이 빠지면 언제든지 와서 바람을 넣어간다.

우리 아이들은 운동을 좋아한다. 일주일 중 체육이 들은 날은 오늘 체육을 한다고 좋아하며 학교에 간다. 그렇다. 아이들은 많이 움직이고 뛰어야 집중이 높아지는 것 같다. 체육 들은 날, 비가 오기라도 하면 하늘을 원망한다. 비가 와서 운동장에서 체육 못 하고 교실에서 대신 수업으로 진행한다고 아쉬워했다. 나도 운동을 참 좋아했다. 그래서 체육 시간이면 피구도 하고 여자 축구도 했다. 하지만 다 운동을 좋아하지는 않는다. 엄마들이 운동을 좋아하지 않으면 아이들이 거의 운동을 좋아하지 않는 경우가 많다. 자연스럽게 운동을 좋아하는 엄마들은 시간이 조금이라도 나면 같이할 운동을 찾는다. 그게 아니면 나가는 것조차 싫어하기 때문에 아이들도 집에만 있으려고 한다. 그렇게 놀아주지도 않으면서 집에만 있는다고 걱정을 한다. 그럼 어떻게 하면 아이들이 운동을 할 수 있을까?
같이 나가보라. 그리고 아이들이 공을 사달라고 하면 사주어라. 밖으로 나가기 싫어하는 엄마들은 자기들 기준으로 공을 사주지 않는다. 여러 가지 놀이를 아이와 즐겨 보자. 여러 가지 놀이를 즐기다 보면 아이에게 부모는 최고의 놀이상대가 된다. 아이들은 엄마를 무척 좋아한다. 엄마와 자신이 좋아하는 것을 하며 노는 것에서 다른 무엇과도 바꿀 수 없는 안정감과 행복을 느낀다. 충분히 논 아이는 나중에 반드시 훌륭하게 성장한다. 아이들은 놀면서 배우고 그렇게 성장한다.

무엇이든 궁금해하는 아이들

"온갖 삶에 대한 호기심이 위대한 창의적인 사람들의 비밀이라고 생각한다."

- 레오 버넷

뭐든 궁금해하는 아이들이 가면 좋은 곳이 있다

제주도에 넥슨 컴퓨터 박물관 실내 관광지가 있다. 넥슨 컴퓨터 박물관은 제주시 공항 근처와도 가깝다. 한라수목원 테마파크와도 5분 거리에 있어서 제주 여행을 하는 이들이 코스로 짜기 정말 좋은 곳이다. 들어가는 입구에는 바람솔이라는 공간이 있어 나무 밑에 앉아서 책도 읽고 피톤치드를 느낄 수 있는 곳이다. 넥슨 컴퓨터 박물관 실내 관광지는 아이들에게 호기심 천국이다.

1층 전시장에는 아주 오래된 초창기 컴퓨터부터 진화하는 과정들을 볼 수 있다. 진짜 옛날 컴퓨터들의 역사를 볼 수 있는 공간이다. 초기 컴퓨터의 모습을 볼 수 있는 터널을 지나면 관람객들은 회로로 흐르는 데이터가 되어 마더 보드 안으로 들어가게 된다. 순서대로 관람을 할 수 있다. 어린 시절 오락실에서 했던 게임들도 볼 수 있어 옛 추억에 잠긴다.

2층에서는 어릴 적 하던 전자 오락기부터 오락실에 있는 게임기까지 모두 무료로 체험할 수 있다. 부모와 아이들은 본인들이 하고 싶은 만큼 할 수 있다. 그리고 가상현실 VR존이 있는데, 앞에 가상이 펼쳐지기 때문에 어지럽고 답답할 수 있다는 설명을 듣고 직접 체험할 수 있었다. 또 도서관에서 책을 골라보듯이 추억의 게임을 찾아 직접 플레이를 할 수 있다. 그리고 직접 체험할 수 있는 코너들이 많이 준비되어 있다.

3층에서는 또 다른 전시를 볼 수 있다. 키보드와 마우스의 역사 등을 볼 수 있다. 코딩 로봇과 블록 코딩 프로그램 체험을 통해 완성시켰다. 조작하는 기능까지 함께 체험할 수 있는 코너가 있다. 아이들이 가장 좋아하는 곳이다.

지하 1층이 마지막으로, 그곳에는 넥슨 작은 책방이라는 추억의 만화방도 있다. 제주 여행을 간다면 추천하고 싶은 곳이다.

서울 키자니아가 있다. 롯데몰 가서 밥을 먹고 키자니아로 갔다.

1. 함소아한의원, 배에 뜸도 올리고 침도 맞고 한의원 체험

2. 서울우유 유제품개발센터, 위생소독하고 위생복 입고 연구원 체험

3. 시리얼카페, 자신만의 작품을 만들고 스크린으로 서로의 작품을 감상도 하고 예술성, 독창성, 창의성이 쑥쑥 자라는 곳

4. 패션부티크, 모델처럼 예쁜 옷을 갈아입고 카메라로 사진을 찍어보는 체험

5. 동물활동가, 동물 구조 등 동물복지를 위한 활동 일환으로 강아지 인형을 돌봐주는 일 체험

6. 플라워아뜰리에, 상자를 꾸미는 방식으로 체험

7. 수면과학연구소, 침대에 누워보면서 다양한 매트리스를 경험하고 뒹굴면서 무척이나 즐거워했던 곳

8. 대한항공 승무원 체험, 밖에서 볼 수 있으며 비상착륙시의 모습을 설명하기도 하고 기내식이나 물을 전달하는 것도 체험

9. 신생아 케어, 원래 인형놀이를 좋아하는데 정말 즐거워하던 체험

10. 오뚜기 쿠킹 스쿨, 미트 칠리 감자튀김 요리를 해보는 체험

마지막 체험을 요리로 하면 '직업 체험이 있구나.' 하는 생각보다 '놀이를 하다가 왔다.'라는 생각이 들 것 같다. 이런 직업 체험을 다양하게 해보면 아이들이 어떤 것을 좋아하는지 좀 더 선명하게 알 수 있을 것 같다. 놀면서 배우는 아이들이 자연스럽게 학습이 되고 성장하는 기회가 된다.

울산에는 고래박물관이 있다. 포경역사관과 귀신고래관으로 이루어져 있다. 포경역사관에는 브라이드고래와 범고래의 골격 표본이 전시되어 있다. 귀신고래관은 귀신고래의 울음소리와 모형을 직접 듣고 볼 수 있다. 또 고래생태체험관이 따로 있어 울산시민으로 주민등록증까지 발급된 고아롱, 장꽃분, 고다롱, 고이쁜 4마리의 돌고래들의 생태를 직접 확인할 수 있다. 해저터널을 통과하며 실제 살아 있는 고래들을 만나볼 수 있어 아이들이 좋아한다. 고래생태체험관의 테라피실에서는 조련사가 고래 이야기를 직접 설명해주고 돌고래의 훈련도 가까이서 관람 가능하다.

전국의 등대를 만날 수 있는 국립등대박물관이 있다. 국내 유일의 등대박물관이 있는 곳은 푸른 바다와 하얀 등대가 그림처럼 어우러진 호미곶에 위치해 다양한 볼거리뿐 아니라 아름다운 전망을 자랑한다. 산업 기술의 발달과 시대적 변화로 점차 사라져가는 항로 표지 시설과 정비들을 영구히 보존하고자 설립되었다. 등대박물관은 제1전시관, 제2전시관, 기획전시관으로 나누어져 약 3,000여 점의 유물이 전시되어 있다. 등대박물관의 야회 전시장이 특히 더 좋다. 야외 전시장 공간에는 높이 26.4m에 달하는 우리나라 최대의 유인 등대인 호미곶 등대를 비롯해 2010년부터는 상설 체험코너를 설치하여 운영하고 있다. 어린이 국립등대박물관 체험학교를 운영하고 있다.

여수에는 테디 베어 뮤지엄이 있다. 입구에는 곰 3마리가 반겨주는데 테디 베어를 주인공으로 미국 관광지와 쥬라기 파크, 엘비스 프레슬리 공연장, 아쿠아리움 등 다양한 테마공간을 꾸며서 전시해놓은 테마전시관이다. 하와이 전통 무녀들로 변신한 알로하 테디 베어와 걸리버 여행기를 모티브로 제작된 엄청 큰 테디 베어도 직접 보고 만져볼 수 있다. 엘비스 프레슬리의 무대를 재연 중인 테디 베어와 사우스 다코다의 랜드 마크 러시 모어산을 패러디한 전시관도 있다.

아이가 흥미로워 한 곳은 바로 테디 베어 아트갤러리이다. 아트갤러리는 '모나리자', '해바라기', '키스', '피리 부는 소년' 등 이름만 들어도 알 만한 고전 명화에 테디 베어를 출연시킨 독특한 미술 갤러리이다. 레오나르도 다빈치의 '모나리자'가 테디리자가 되었다. 그래서 테디리자도 눈썹이 없다. 눈썹이 없는 이유는 3가지 가설로 설명할 수 있다. 첫째, 당시대에는 눈썹을 가늘게 그리는 게 유행이었다. 둘째, 원래 눈썹을 그렸는데 세월이 흐르며 변색되었다. 셋째, 복원 과정에서 눈썹 부분만 손상되었다 등의 가설이 있다. 구스타프 클림트의 '키스'도 있다. '키스'는 유화 물감뿐만 아니라 금을 얇게 붙인 그림이다. 밀레의 '이삭 줍는 여인들'은 추수를 끝내고 밭에 떨어진 이삭을 주워 밥을 지어먹어야 하는 가난한 농민들의 현실을 담아낸 그림이다. 트릭아트는 그림을 입체적으로 보이도록 만들어주는 착시 미술로, 2000년 그리스에서 시작된 매우 역사 깊은 미술 기법이다. 뮤지엄에는 관람뿐만 아니라 이렇게 색연필과 종이로 아이들과 직접 그림을 그려볼 수 있는 공간도 있다. 빈센트 반 고흐의 작업실에서 자화상을 그리는 듯한 포즈로 기념사진도 찍을 수 있다. 이 작업실은 실제 고흐의 작업실을 그대로 재현했다고 한다. 아이들도 테디 베어 뮤지엄에 가보면 무척 신기한 게 많아서 엄청 좋아할 것이다.

뭐든 궁금해하는 아이들을 잘 키우려면 어떻게 하는 것이 좋을까?

성호는 유치원에 같이 다니는 유진이와 지원이의 치마를 들추며 이렇게 말했다.

"아이스케키!"
"왜 그래?"

놀란 엄마들은 성호에게 화를 냈다.

"누구 다리가 더 긴지 보려고 했어요."

참 어이없는 대답이었다. 성호는 엄마에게 다시는 그러면 안 된다고 혼냈다. 만약 성인이 그런 행동을 했다면 절대 허용되지 않는 일로, 동심으로만 누릴 수 있는 아이들만의 특권이다. 때로는 짓궂기도 한 이들의 장난이 용서되는 이유는 그래도 이 아이들로 인해 웃을 수 있기 때문이다.

뭐든 궁금해하는 아이들을 잘 키우려면 어떻게 하는 것이 좋을까? 아이들이 궁금해하는 것을 막지 말아야 한다. 아이들이 하는 질문에 답을 할 수 없는 경우가 있다. 엄청난 의미가 숨어 있기 때문이다. 아이들은 5~10살까지 풍부한 상상력을 바탕으로 신기하거나 무서운 현상에 관한 질문을 던지고 잠자리에 들거나 다양한 활동 중에도 끊임없이 그 해답을 궁금해한다. 이때 부모가 진지하게 대답을 해주느냐 아니냐에 따라 상상력이 커질 수도 있고 입을 닫을 수도 있다. 아이의 미래가 확 달라진다.

호기심으로 인한 답을 구하는 과정에서 아이에게 바로 답을 제시해주기보다는 아이 스스로 찾아보게 해야 한다. 중간에 포기하지 않도록 용기를 북돋워주며 답을 찾을 수 있도록 도와줘야 한다. 모든 것에 감성을 느끼도록 도와주어야 한다. 매사에 당연하게 느끼지 않도록 부모가 모범을 보여야 한다. 부모의 사소한 말 한마디가 아이에 커다란 영향을 미친다. 아이의 질문에 성의 없이 답해서는 절대 안 된다. 이미 알고 있어도 새로운 관점에서 아이가 볼 수 있도록 경이로운 눈으로 바라봐야 한다. 어른의 시각으로 던지는 간섭을 최소화하고 모든 사소한 것에 놀라움과 감탄을 느끼는 감수성을 심어준다면 아이가 가지고 있는 재능을 쉽게 발견할 수 있다. 그때 아이의 호기심이 놀라운 능력으로 발전하는 모습도 함께 지켜볼 수 있을 것이다.

문구점 언니의 뼈 때리는 육아 이야기

우리 집 꼬마 단골손님들

"우리가 사는 세상은 우리가 만들어가는 것이다. 나를 바꿀 때 인생도 바뀐다."

- 앤드류 매튜스

아이들이 보는 세상

우리 가게 옆에는 피아노 학원이 있다. 처음 내가 가게를 시작했을 때는 비디오방이 있었고 중간에는 칼국수 가게가 있었다. 그때는 내가 아이들을 키울 때라 엄마들 모임이 있으면 멀리 가지 못하는 관계로 그 집에서 모이고 아이들은 우리 가게에서 놀았다. 그 아이들이 벌써 다 자라서 성인이 되었다. 그때 아이들이 아직 동네에 살아서 필요한 물건이 있으면 가게로 사러 온다. 나는 그 아이들을 볼 때면 참 신기하다. 언제 저렇게 컸을까 싶다. 나는 항상 이 자리에 그대로 있다.

지금은 피아노 학원에 다니는 아이들과 우리 동네 아이들이 꼬마 단골들이다. 아이들은 옆에 문구점이 있어서 너무 좋단다. 자주 오는 아이들은 거의 매일 온다. 요즘은 학원 차들이 학교 앞에서 아이들을 싣고 가기 때문에 학교 다니는 동안 우리 집에 한 번도 안 오는 아이들도 있다. 그러다가 학원이 원장들 연수가 있어 쉬게 되면 걸어가면서 우리 집에 들어와 구경하는 아이들이 있다. 매일 보는 학교 앞 문구점과 처음 오는 문구점은 물건도 다르고 스타일도 달라서 신기해한다.

아이들은 비교하는 걸 참 좋아한다. 처음 오는 아이들은 오죽 신기하고 재미있을까? 어른들이 보기에는 대형마트에 물건이 다양하고 많이 있으니 거기랑 비교하며 물건이 없다고 생각하지만, 아이들은 대형마트에도 없는 물건을 여기저기서 발견하여 보물찾기를 하는 기분인 것 같다. 아이들은 구석구석 보면서 학교 앞 문구점와 비교를 한다. 학교 앞에 없는 물건이 많다고 한다. 초등학생들이 보기에는 알지 못하는 것도 있다. 그 아이들이 태어나기 전에 팔던 물건들도 있기 때문이다. 그래서 중, 고등학교 아이들이 오면 옛날에 엄청 갖고 싶어서 엄마한테 사달라고 했던 로봇도 있다고 추억을 되새긴다.

지영이와 지선이가 왔다. 지영이는 오늘도 아침을 안 먹었다고 초코파이를 샀다. 언니가 밥을 챙겨줘야 하는데 늦게 일어나서 못 챙겨줬다는 것이다. 지영이는 엄마가 일을 다닌다. 그래서 아침은 지선이가 밥을 챙겨주어야 한다. 지선이도 일어나서 준비하고 학교 가기 바빠서 둘은 매일 굶고 다니는 것이다. 아침에 가게에 올 때마다 배가 고프다고 과자를 사 먹는 모습이 안쓰러워 초코파이도 갖다놓았다. 과자 먹는 것보다는 든든할 것 같았다. 요즘은 아침을 편의점에서 도시락으로 해결하는 아이들이 있다. 라면을 먹고 학교에 오는 아이들도 많다. 엄마들이 직장을 다니며 시간이 없어서 돈을 주면 알아서 편의점에서 먹고 싶은 것을 사 먹는다는 것이다. 점심은 급식, 저녁도 바쁠 때는 배달 또는 반찬가게에서 반찬을 산다고 한다. 아이들이 점점 엄마들 손맛을 모르고 자라는 것 같기도 하다.

수빈이, 수진이가 엄마랑 같이 왔다. 오랜만에 와서 여기저기 둘러본다. 엄마가 빨리 고르라고 재촉을 한다. 수빈이는 아직 못 골랐다고 기다리라며 한참 후 마음에 드는 물건을 골랐다. 이번에는 수진이가 못 고르고 있다. 또 빨리 고르라고 재촉을 한다. 수진이는 물건을 못 고른 게 아니고 샤프를 찜했다. 그런데 엄마에게 샤프를 사달라고 하니까 집에 많은데 또 사냐고 못 사게 했다. 수진이는 다 고장 나서 없다고 하니까 그제야 하나 사라고 하고 계산하고 빠른 속도로 나갔다. 전보다 요즘 엄마들은 할 일이 더 많은 것 같다. 기다리지 않고 들어오면서 빨리 고르라고 한다. 지금 들어왔는데 어떤 물건이 어디에 있는지 알아야 신중히 고를 텐데 들어오면서 재촉을 하는 것을 보면 참 안타깝다. 같이 둘러보는 마음의 여유를 갖고 대화를 하면서 천천히 고르라고 하면 좋을 텐데 말이다. 오늘만 그런 게 아니고 보통의 엄마들이 거의 그렇다. "우물 가서 숭늉 찾는다."라는 말이 있다. 지금이 초스피드 시대라고 하지만 마음의 여유를 좀 가졌으면 좋겠다.

꼬마 단골들이 언제 이렇게 자랐을까?

성채가 말했다.

"하드보드지, 형광색상지, 시트지 주세요."
"내일 체육대회니?"
"네."

성채 엄마는 성채가 어렸을 때 우리 집 맞은편에서 아동복을 팔았다. 그 옆에는 자수나라가 있고 그 옆에는 분식집이 있었다. 다들 어디서 잘들 지내고 있는지 궁금하기도 하고 잘들 있기를 바란다. 지금 생각해보면 참 많은 사람들이 거쳐갔다. 너무 많아서 다 기억도 안 난다.

15년 전만 해도 우리 동네는 장사가 모두 잘되는 거리였다. 빈 점포가 하나도 없었다. 겹치지 않는 품목들로 꽉 차 있었다. 활기가 넘치는 거리였다. 그때 언니들과 모임을 하면서 한 달에 한 번씩 바람도 쐬고 좋았던 기억이 난다. 그날은 아이들도 남편에게 맡기고 맛있는 밥도 먹으러 가고 노래방도 갔다. 그때가 장사하면서 가장 재미있던 시기였다. 그때는 모든 장사가 잘되었다. 지금은 장사하는 집보다는 창고로 쓰는 상가들이 많아서 전처럼 사람들이 많이 돌아다니지 않는다. 엄마들도 거의 맞벌이를 하고 아이들도 어린이집에서 엄마들 퇴근 시간까지 있다가 데리고 퇴근하는 엄마들이 많다. 그래서 아이들도 많이 볼 수 없다. 정말 아이들은 천사같다. 나는 나이를 먹지만 우리 집에 오는 꼬마 단골들은 항상 새로운 천사들이기 때문에 그 아이들을 보면 항상 즐겁다.

정말 아이들 상품은 유행을 너무 잘 타서 지금 나오는 것은 잘 모르겠다. 그리고 내가 아이들이 다 성장을 하고 나니까 텔레비전을 보는 것도 아니고 더 모르겠다. 옛날에는 도매점에서 완구도 많이 취급했는데 지금은 대형마트와 온라인에서 주문하는 경우가 많아서 유통의 구조도 너무 많이 바뀌었다.

처음에는 학교 앞 문구점에서 잘 팔리는 물건이 있으면 도매점에서 보내주었다. 들어오는 차 장사들도 잘 팔린다고 추천해주면 신나게 물건을 받았다. 물건을 받기만 하면 다 팔릴 줄 알았다. 하지만 역시 나는 위치상 아이들이 많이 몰리는 위치가 아니라 반 이상이 남고 반품도 못하니 앞으로 남고 뒤로 밑지는 장사를 하고 있었다. 그래서 한 동네에서 같은 물건 갖다 팔아야 나눠 먹기 식이라 서로 힘들겠다는 생각을 하고 스타일을 좀 바꿨다. 우리 집은 학교 앞에서 좀 떨어져 있는 주택가에 있다. 그래서 어른 손님이 더 많다. 그래서 아이들 물건을 줄이고 어른들이 찾는 물건을 더 채웠다. 혹시 떨어진 물건이 있으면 주문 판매를 했다. 하나의 준비물만 필요해도 어차피 물건을 하러 가야 했기 때문에 다음 날 바로 갖다주었다.

동우 아빠가 서류철을 사러 오셨다. 오랜만에 와서 반갑게 인사를 하고 물건을 찾아드렸다. 그리고 아이들 안부를 물었다. 깜짝 놀라는 눈치였다. 동우는 할머니가 학교에 매일 데려다주었다. 아빠는 가끔 오셨기 때문에 내가 기억한다는 사실에 놀라신 듯했다. 동우는 중학교에 가고 먹성이 얼마나 좋아졌는지 저녁에 3그릇을 먹는다고 했다. 배가 고파서 새벽 2시까지 잠을 못 잔다고 하는 것이었다. 절로 웃음이 나왔다. 우리 아이들도 중학교 때 최고 많이 먹었고 배고파서 잠이 안 온다고 울기도 했다. 다 똑같다는 생각이 들었다. 아이들 몸에서 필요하니까 입맛이 당기는 것 같다. 우리 아이들도 그렇게 잘 먹더니 중학교 때 30cm나 컸다. 아마 동우도 크려고 그렇게 밥이 맛있는 것 같다.

우리 동네에 유치원 원감 선생님이 계셨다. 필요한 물건이 있으면 주문하고 다음 날 가져가셨다. 주문이 들어오면 남편이 퇴근하고 시내에서 물건을 해왔다. 그런데 가끔 회식이나 모임이 생기면 약속을 지킬 수 없었

문구점 언니의 뼈 때리는 육아 이야기

다. 종종 싸우는 일이 생겼다. 시간이 지날수록 거의 매일 주문을 했다. 하루에 물건이 다 준비되는 것도 아니고 이것저것 생각을 하다가 차를 구매했다. 그래서 물건을 하러 매일 나갔다. 물건을 해서 유치원으로 갖다 드리겠다고 했다. 거리가 좀 있었는데 나는 어차피 물건을 하려 매일 나가야 하니까 그게 낫겠다는 생각이 들었다. 차를 구매하고 도매점에 무리하게 물건을 시키지 않아도 되었다. 그때부터 물건을 필요한 만큼 사오게 되었다. 더 다양한 물건을 조금씩 갖다 팔았더니 재고도 줄어들었다. 그때 이런 스타일로 바꾸지 않았으면 나는 벌써 문을 닫았을 것이다.

3년 전에 학교 앞 문구점도 주인이 바뀌었다. 나보다 더 오래하시던 분들인데 사정이 생겨 팔고 이제는 다른 분들이 한다. 중학교 앞에 있던 문구점도 문을 닫았다. 다들 전과 다르기 때문에 못 버티고 정리를 한 것이다. 지금은 준비물도 많지 않다. 학교에서 거의 준비를 해준다. 우리 동네는 이사도 많이 갔다. 살기 좋은 아파트 단지로 많이 이동했다. 학습 방식도 많이 바뀌었다. 앞으로 상황은 더 달라질 것이다. 그러므로 우리가 하던 방식대로 아이들을 생각하고 교육시키려고 하면 안 된다.

배울 점이 있는 예쁜 아이들

"밝은 성격은 어떤 재산보다 귀하다."
- 앤드류 카네기

정말 아이들은 천사 같다

4월에는 어디를 가든 벚꽃이 아름답게 피어 있다. 날씨도 좋아서 2층 주인 아줌마를 모시고 대청댐에 놀러갔다. 우리는 한 가족처럼 서로 챙겨주고 잘 지낸다. 김밥을 싸고 불고기를 볶고 과일도 깎아서 도시락을 만들고 아이들 놀 수 있도록 공도 챙기고 즐거운 마음으로 소풍을 갔다. 2층 아줌마는 눈이 안 좋으시다. 한쪽은 거의 안 보이셔서 새로운 곳에 가면 좀 불편해하신다. 대청댐에 가서 아이들과 놀고 있는데 화장실이 가고 싶다고 했다. 나는 현철이를 보고 있는 중이라 현중이에게 맡기고 화장실을 모시고 가려 했다. 그런데 현중이가 자기가 할머니를 모시고 갔다 올 테니 현철이랑 놀고 있으라고 했다. 기특한 녀석, 한참 노는 중이라 더 놀고 싶었을 텐데 자기가 모시고 갔다 온다고 해서 고맙다고 칭찬을 해주었다. 그랬더니 좋다고 웃는다. 정말 아이들은 천사 같다.

우리 현중이, 현철이는 친할머니가 와도 주인아줌마한테 엉덩이를 들이밀고 앉는다. 친할머니는 가끔 보니 아직은 낯선 모양이다. 엄청 서운하셨을 것이다. 2층 할머니는 우리 아이들을 엄청 좋아하신다. 다른 분들이 남의 자식이 그렇게 예쁘냐고 말해도 우리 손자라고 매일 동네를 업고 돌아다니셨다. 현중이는 미술 학원에 다니기 때문에 오후가 되면 현철이를 나 장사하기 힘들다고 업고 나가신다. 그렇게 잘해주셨다.

현중이는 초등학교에 들어가면서 혼자 목욕을 하겠다고 했다. 처음에는 잘 씻고 나올 수 있을까 걱정이 되었다. 언제까지 내가 해줄 수는 없는 일이라 그렇게 하라고 했다. 그런데 생각보다 잘 씻고 나왔다. 그리고 이제는 동생을 씻겨주겠다는 것이다. 조심해서 씻으라며 그렇게 하라고 했다. 그랬더니 이제는 목욕탕에 들어가서 나오지를 않는 것이다. 혼자 들어갔을 때는 씻고 나오는 게 주 목적이었는데 현철이와 함께 들어가니 씻지는 않고 서로 장난치고 노는 것이었다.

나는 한편으로 흐뭇했다. 옆에서 항상 챙겨줄 수가 없어서 미안했는데,

둘이 서로 의지하면서 잘 지낼 수 있겠다는 생각이 들어 울컥했다.

현중이가 초등학교 들어가고 5월에 우리는 이사를 했다. 항상 밤 10시까지 가게에 있었던 나는 좋기도 하면서 걱정도 많이 되었다. 8시면 집으로 올라가라고 했다. 밤에 현중이와 현철이 둘이 있어야 하는 시간이 많아서 걱정이 되었다. 현중이가 생각보다 의젓하고 동생을 잘 챙겨주어서 항상 고마운 마음뿐이었다. 집에 전화가 없어서 올려 보낼 때는 내 휴대폰을 같이 보냈다. 그런데 큰오빠한테 가게로 전화가 왔다. 내 전화로 전화가 와서 받았더니 아무 말이 없이 끊고, 다시 걸었더니 전화를 받지 않더라는 것이다. 그래서 무슨 일이 있나 싶어서 전화를 한 것이다. 상황을 얘기했더니 알겠다고 했다. 아이들끼리 있다 보니 심심해서 전화를 해보았나 보다.

한번은 공중전화에서 전화가 왔다. 현철이는 옆에서 울고 있고, 현중이는 전화를 해서 여기가 어디인지 모르겠다는 것이다. 시간은 밤 9시였다. 이게 무슨 상황인지 몰라 주변을 둘러보고 보이는 것을 얘기해달라고 했다. 다행히 동네에 있는 공중전화였다. 찾으러 가서 왜 여기까지 왔냐고 했더니 둘이 가출을 했다는 것이다. 무슨 초등학교 2학년이 가출인가. 웃을 수도 울 수도 없었다.

집에 와서 자세히 물어보니 엄마랑 갔던 조금 멀리 떨어져 있는 슈퍼에 먹을 것을 사려고 나왔는데 아무리 걸어도 그 슈퍼가 보이지 않더라는 것이다. 엄마가 가게 닫고 왔을 때 짠~ 하고 이벤트를 해주고 싶었는데 그런 일이 일어난 것이다. 나는 항상 아이들이 배고프면 먹고 싶은 것을 시켜 먹으라고 돈을 지갑에 넣어둔다. 그 돈을 가지고 슈퍼를 가겠다고 나온 것이다. 그런데 그 슈퍼는 차로 갈 때 가까운 곳이지 걸어가기에는 먼 곳이었다. 아직 아이들이 거리감이 없어서 가까운 곳으로 착각을 했던 것이다.

나는 나에게 이벤트를 해주고 싶었다는 아이들의 마음이 너무 고마웠다. 자기들만의 표현이었을 것이다. 그리고 자기들은 가출이 집을 완전히 나가는 것이 아니라 잠깐 나가는 외출을 가출로 잘못 알고 있었다. 그렇게 우리 아이들의 가출 소동은 끝이 났다. 당시 정말 길을 잃었으면 어쩌나 생각만 해도 아찔하다. 현철이는 많이 무서웠다고 했다. 아이들을 찾아와서 다행이었다. 나는 가게를 하면서 아이들을 많이 잃어버렸다. 그럴 때마다 심장이 쪼그라들고 엄청 울었던 기억이 있다.

나는 현중이가 고등학교 1학년이 되었을 때 또 이사를 했다. 가게와 집은 차를 타고 15분은 가야 되는 거리다. 처음 이사한 곳은 거리가 가까워서 밥은 가게에서 다 해결했다. 주말에도 내가 준비가 다 되면 내려와서 먹으라고 하고 다시 올려 보내고 그랬다. 하지만 그때 이사한 곳은 거리가 멀어서 집에서 밥을 해결했다. 나만 가게로 나오면 되는 것이다. 주말이면 아침에 저녁 먹을 준비까지 다 해놓고 나왔고 그러면 아이들이 알아서 차려 먹고 나는 도시락을 싸오든지 가게에서 혼자 해결을 해야 했다. 그런데 도시락을 싸는 일은 힘든 일이었다. 저녁에 가면 설거지 등 다른 집안일도 많아서 일을 줄일 수 있는 방법으로 가게에서 해결하는 날이 많아졌다.

그런데 우리 현중이는 감수성이 풍부했다. 혼자 가게에서 밥을 먹지 않고 간단히 때울 것이란 사실을 알았는지 주말이면 도시락으로 김치볶음밥도 해주고 밥과 반찬으로 싸다주기도 했다. 간식으로 먹으라고 빵과 우유도 종종 사다주었다. 그리고 집안일도 현철이와 같이 나누어서 잘 도와주었다. 그러다가 대학교에 합격하고 시간이 더 많아지니까 빨래도 돌리고 나를 참 편하게 해주었다. 지금 안 하면 엄마 도와줄 시간이 앞으로는 별로 없을 거 같다고 하면서 많이 도와주었다. 그리고 시간이 남는 대로 알바를 했다. 그리고 지금도 알바를 열심히 한다. 알바를 한 돈으로 주말에 맛있는 것도 사주고 생일이면 꼭 나에게 필요한 것을 물어보고 사준다. 현철이도 잘 챙긴다. 내가 힘들 때 아이들에게 용돈을 못 보내준 적도 많은데 스스로 알바를 하면서 학교생활도 열심히 하고 취미생활도 하면서 잘 지내고 있다. 이런 현중이를 보면 얼마나 고맙고 든든한지 모른다. 꼭 나의 보호자 같다.

예쁜 꼬마들을 보면서 부모님의 마음을 알았다

예쁜 꼬마들을 보면서 우리 부모가 나를 어떤 마음으로 키우셨을지 부모가 된 후에 조금은 알 것 같다. 한여름 엄마가 밭에 일하러 나가면 나는 목이 마를 거라는 생각이 들어서 자전거 타고 얼음물을 갖다드렸다. 엄마는 시원한 물을 마시면서 엄청 고맙다고 했다. 나는 시원한 방에서 놀다가도 엄마 생각이 나면 또 시원한 얼음물을 갖다드렸다. 그럴 때마다 엄마는 항상 고맙다고 했고 칭찬을 해주셨다. 아침에 물을 챙겨가도 다 녹기 때문에 미지근한 물을 마셔야 했던 것이다. 지금 같으면 아이스박스 같은 곳에 담아가서 저녁까지 시원하게 마실 수 있지만 옛날에는 그런 게 없었다.

우리 동네는 폐지를 줍는 어른들이 많다. 하루는 현중이가 숨을 헐떡거려서 왜 그러냐고 했더니 지나가는 할아버지가 너무 무거운 폐지 때문에 오르막을 오르지 못하고 계속 제자리에서 맴돌고 있어서 밀어드리고 왔다는 것이다. 정말 잘했다고 했다.

저녁에 김치찌개를 끓여 먹으려고 하는데 두부가 없어서 현철이에게 심부름을 시켰다. 현철이는 책을 보고 있었는데 귀찮아하지 않고 두부 한 모를 사서 달려왔다. 현철이는 과자를 하나 더 들고 있었다. 과자가 먹고 싶었냐고 했더니 웃으면서 슈퍼에서 2층 할아버지를 만났는데 심부름 왔다고 착하다고 과자를 사주셨다는 것이다. 우리 주인아줌마, 주인아저씨는 이런 분들이다. 아이들의 사소한 일에도 칭찬을 아끼지 않고 사랑으로 보듬어주시는 분들이었다. 그래서 우리 아이들도 2층 할머니, 할아버지를 무척 좋아한다. 평소 아이를 잘 살펴보면 칭찬할 일이 참 많다. 하지만 우리는 그런 것들을 당연히 생각하고 그냥 넘어간다. 하지만 이제는 아이들의 사소한 행동 하나에도 칭찬을 아끼지 않는 엄마가 되길 바란다. 아이들은 엄마의 칭찬에 따라 자신감이 올라가고 행복하게 자랄 수 있다. 칭찬은 자라는 아이들에게 많은 도움이 된다. 칭찬은 진심으로 해야 한다. 구체적으로 말해주는 것이 좋다. 결과보다는 과정을 중심으로, 아이의 행동 하나하나 구체적으로 칭찬해주면 아이는 자신이 인정받는다고 생각하고 칭찬받는 행동을 더 많이 하려고 적극적으로 노력할 것이다.

07

다 생각이 있는 아이들

"사람들은 모두 아이를 어리다고 말하지만, 아이는 몸만 어릴 뿐 마음은 어리지 않네.
만약에 당신이 아이를 어리다고 생각한다면, 당신은 아이보다 더 어린 거라네."

- 타오싱즈

하고 싶은 일을 찾아하는 아이들

재식이는 야구를 좋아한다. 초등학교 때부터 '야구' 하면 재식이라고 할 정도로 야구의 모든 용품을 갖추고 있다. 재식이 아빠는 개인사업을 하고 계셔서 시간을 자유롭게 쓸 수 있다. 야구 시즌이 되면 가족끼리 야구장에 가는 게 재식이는 좋았다. 그리고 야구 경기가 끝나면 야구 용품을 하나씩 장만했다. 고등학생이 되었다. 아마추어 야구를 하면서도 프로 야구인처럼 글러브, 야구방망이, 야구공은 기본이고 프로 보호 장비, 포수장비, 야구화, 가방 등 없는 게 없다. 초등학교 때부터 하나하나 장비를 구입했는데 중학교에 가서는 더 좋은 물건들을 구입하기 시작했다. 글러브가 있어도 더 좋은 제품으로 바꾸다 보니 똑같은 종류의 장비들이 많았다. 고등학교에 가고 아직도 야구하면 자다가도 일어나는 아이지만 시간이 없다 보니 용품들이 자리를 많이 차지했다.

하루는 재식 엄마가 글러브도 많은데 새로 나온 몇십만 원짜리 글러브를 사겠다고 안달이 났다는 것이다. 그래서 네가 용돈 벌어서 사라고 했더니 알겠다고 했단다. 시간도 없고 어떻게 사려고 하는지 모르겠다며 내다 팔았으면 좋겠다는 것이었다. 나는 우리 아들이 한참 야구에 관심이 있어 하나 사주겠다고 했다. 중고 글러브인데 10만 원을 달라는 것이다. 나는 그렇게 비싼지 몰랐다. 하지만 아이가 마음에 들어 하고 새 제품 가격을 보니 괜찮은 가격이었다.

아이들은 역시 머리가 좋다. 중고숍에 자기가 가지고 있는 물건 중 오래되고 작아져서 쓰지 못하는 것을 하나씩 팔아서 사고 싶었던 글러브를 샀다는 것이다. 역시 나도 한몫해줬지만 말이다. 요즘 아이들은 이렇게 부모가 가르쳐주지 않아도 필요한 것이 있으면 중고로 팔아서 새 제품을 사기도 한다. 알바를 해서 사고 싶었던 것을 사기도 한다. 아마 나중에 성장하면 하고 싶은 일을 찾아 해도 알아서 잘 헤쳐나갈 수 있을 것 같다.

지혜는 인형을 참 좋아한다. 지금도 한 손에는 강아지 인형을 들고 왔다. 그런데 또 인형을 사 달라고 했다. 엄마는 인형이 얼마나 많은데 또 인형을 사냐며 다른 것을 고르라고 했다. 내가 생각해도 귀여운 곰 인형부터 마루인형까지 없는 인형이 없을 것이다. 혼자 자라서 그런지 우리 집에 오면 인형에 많이 집착한다. 혼자인 아이들은 인형을 자기 동생으로 생각한다. 그래서 돌봐주고 업어주고 놀아주며 의지하는 것이다. 그래서 혼자인 아이들 정서에 인형이 좋다는 글을 보았다. 그럼 하루에 용돈을 줄 테니 그것을 모아서 인형을 사자고 했다. 처음에는 떼쓰며 사고 싶어서 안달이 났다. 엄마가 그렇게 하지 않으면 사주지 않겠다고 하니 알겠다고 돌아갔다. 한 달쯤 지나 용돈을 모아서 가지고 싶었던 인형을 사러 왔다. 아이에게 이렇게 갖고 싶은 게 있을 때는 모아서 사게 하는 방법도 참 좋은 것 같다. 말을 해 주면 다 알아듣는다.

우리 아이들에게 중학교에 입학하면서 통장을 만들어주었다. 한 달에 한 번 용돈을 규칙적으로 25일에 이체해줬다. 그리고 그 통장에 연결된 체크카드를 하나씩 만들어주고 쓸 때는 체크카드로 쓰도록 했다. 처음에는 친구들 생일이 있는 달에는 부족해서 더 달라고 했다. 차츰 시간이 지날수록 한 달에 한 번 이체해주면 규모 있게 사용하게 되었다. 명절이 되면 어른들에게 받은 용돈도 통장에 다 집어넣었다.

초등학교 때는 명절에 용돈이 생기면 사고 싶었던 장난감을 사느라 아무 생각 없이 물건을 사는 것에 집중했지만 각자의 통장을 갖게 되니 알아서 사고 싶은 물건이 있어도 여러 번 생각하고 사는 것 같았다. 이렇게 아이들은 우리가 생각하는 것보다 생각이 깊다.

청약통장을 하나씩 만들어줘야겠다는 생각이 들어서 은행에 방문한 적
이 있었다. 내가 살면서 집 사는 게 얼마나 힘들었는지 뼈저리게 느꼈기
때문에 장가 갈 때 장만해주려면 너무 힘이 들 것 같고 지금부터라도 준
비하면 좀 더 쉽게 집을 장만할 것 같아 은행에 갔다. 그런데 벌써 둘이
하나씩 청약통장을 갖고 있었다. 깜짝 놀라 아이들에게 물어봤더니 현철
이는 군대 가면서 월급 나오는 것으로 들기 시작했고 현중이는 현철이가
이런 게 있다고 알려줘서 제대 후에 알바한 돈으로 넣고 있다고 했다. 현
철이는 돈이 남으면 일반계좌에 넣지 않고 CMA통장에 넣었다가 찾아
쓰고 있었다. 나는 CMA 통장에 대해서 들어보았지만 연결하는 것이 귀
찮아서 그냥 카드를 쓰고 있었는데 이렇게 나름대로 관리를 하고 있어서
깜짝 놀랐다.

어릴 때부터 경제를 알려주는 것이 현명한 방법 같다

어른들은 말한다. 지금은 학생이니까 공부만 잘하면 된다고 한다. 경제
는 어른이 돼서 얼마든지 생각할 시간이 있으니 돈에 대해 생각하지 말라
고 한다. 아이들에게 자기가 하는 일을 보여주거나 일터를 데리고 가서
일을 시켜보고 보여주는 것도 좋은 방법인 것 같다. 우리 아이들은 문구
점에서 내가 일하는 모습을 많이 보았다. 이렇게 엄마가 일을 해서 너희

들이 필요한 옷도 사주고 학원도 보내주고 용돈도 줄 수 있는 거라고 얘기를 해주었다. 가게는 신경 쓰지 말고 들어가서 공부만 하라고 하지 않는다. 바쁘면 도와달라고 요청을 한다. 그럼 아이들은 가게를 잘 봐주었고 그런 날은 엄청 뿌듯해했다. 그냥 용돈 받기가 미안하다고 생각하는 아이들이라 이렇게라도 엄마를 도운 것이 즐거웠던 것 같다. 아이들에게 작지만 경험할 수 있는 일이 있다면 많이 시켜주고 싶다. 알바도 해보고 경험도 쌓다 보면 돈 귀한 줄도 알고 자기가 하고 싶은 일도 찾게 되지 않을까 싶다.

나는 대학교를 졸업하고 직장에 들어갔을 때 월급을 통째로 집에 갖다드렸다. 내가 돈 관리를 해본 적이 없었다. 1년 만기 정기적금을 들어주시고 만기가 되면 다시 월급 타는 것과 합쳐서 다시 정기적금을 들고 이렇게 결혼할 때까지 관리를 해주셨다. 직장을 다닐 때 들어가는 차비와 용돈은 따로 아빠에게 받아 썼다. 항상 용돈이 부족했다. 마음대로 옷도 못샀던 것으로 기억한다. 그래서 나는 주말 알바를 대학교 때부터 결혼하기 한 달 전까지 했다. 그렇게 부족한 용돈을 충당해서 썼다. 결혼할 때는 내가 벌어놓은 돈에 아빠가 부족한 돈을 보태주었다. 그때만 해도 은행이자가 꽤 높았던 것으로 안다. 하지만 내가 스스로 관리를 해보지 않아서 경제관념이 별로 없었다. 부족해도 완전히 못살 만큼 힘들어본 적도 없었다.

요즘은 어떤가? 은행에 넣어놓고 이자 받는 시대는 끝났다. 부모들은 아이들에게 "열심히 공부해라, 운동해라."라고 말한다. 하지만 경제적 자립을 위해서 아무것도 가르쳐주지 않는다. 일반적으로 공부 열심히 해서 좋은 대학 들어가고 좋은 직장 잡으면 그게 인생에서 가장 성공한 것이고 끝이라고 생각한다. 아이의 성격이나 소질은 안중에도 없다.

누구나 부모의 말대로 직장 생활만 하지는 않는다. 그래서 아이들에게 경제에 대해서 어릴 때부터 대화를 하고 알려주는 것이 현명한 방법 같다. 무조건 아이들이 원한다고 다 해 주는 부모가 정말 좋은 부모일까? 아니다. 돈의 흐름에 대해서 자연스럽게 알도록 해야 할 것 같다. 도서관에 가면 알기 쉽고 읽기 쉬운 경제 책들이 많다. 우리는 어떠한 노력도 하지 않으면서 아이들이 잘되기만을 바라면 안 된다. 어떤 방법들이 있는지 구체적으로 알려주고 자기한테 맞는 방법을 찾아 가르쳐야 한다. 아이들도 다 생각이 있다. 알려주면 잘 알아듣는다. 수학 공식처럼 어렵게 공부로 접근하지 말고 우리 삶 속에서 있는 경제를 그대로 쉽게 알려주면 좋을 것 같다.

아이들에게 경제 이야기 하는 것을 불편해하면 안 된다. 아이들에게 줄 수 있는 가장 생산적인 선물이다. 직접 돈을 벌어 돈 문제를 스스로 해결할 수 있도록 도와줘야 한다. 가까운 어른 중에 사업을 하는 사람 있으면 사업을 배우고 사업을 하고 싶을 수도 있다. 스스로 만족스럽고 성공한 삶을 만들어갈지도 모른다.

08

하나하나 모두 다른 아이들

"행복의 비밀은 자신이 좋아하는 일을 하는 것이 아니라 자신이 하는 일을 좋아하는 것이다."

- 앤드류 매티스

공부도 놀이와 똑같다

내 아이는 어떤 아이일까? 민호는 오늘도 자동차를 사러 왔다.

"엄마, 소방차 사줘."

"안 돼. 너 경찰차 사줬는데 10분도 안 가지고 놀고 던져버렸잖아"

"가지고 놀다가 놓쳤는데 바퀴가 안 굴러가서 던진 거야."

"소방차 사줘. 나 소방차는 없잖아."

엄마는 잔소리를 한다. 성화에 못 이겨 사주러 오긴 했는데 왠지 아까운 생각이 드는 것이다. 한 번 사서 한 번 가지고 놀면 끝이라는 것이다. 그도 그럴 것이 아이들은 정말 빠르게 싫증을 느낀다.

우리 아이들이 자랄 때 장난감을 가지고 놀다가 던져버리면 보이지 않는 곳으로 숨겨놓았다. 아이들은 가지고 놀다가 던져버린 장난감은 잘 가지고 놀지 않는다. 하지만 신기하게 숨겨놓아서 보이지 않는 장난감은 다른 장난감을 가지고 놀다가 싫증이 나면 보이지 않는 장난감을 찾는다. 그럼 다시 그 장난감을 주고 던져버린 장난감을 숨겨놓는다. 그렇게 반복하다 보면 신기하게도 몇 개의 장난감을 돌려가며 즐겁게 논다는 사실을 알게 됐다.

처음에는 싫증난 장난감을 방치해놓았다. 아이들은 그 장난감을 보고 또 봐서 그런지 다시는 갖고 놀지 않았다. 장난감이라는 것이 사다 놀다 던져버리면 버리기도 아깝고 그냥 두자니 자리를 많이 차지하고 그래서 놀다 싫증난 장난감은 다른 아이를 줬다. 당연히 우리 아이는 싫증나서 안 가지고 놀기에 물어도 안 보고 다른 아이를 줘버렸다. 그런데 한참 후에는 다시 찾는 것이다. 그 뒤로 장난감을 숨겨놓았다가 찾으면 다시 주었다.

아이가 공부에 싫증을 느끼면 다른 것을 찾게 된다. 계속 반복해야 하는 이유를 찾지 못하기 때문이다. 그런데 우리는 아이들이 10분도 앉아서 집중하지 못하고 돌아다닌다고 혼낸다. 하지만 아이들에게 10분은 정말 긴 시간이다. 한 가지 놀이나 공부를 하기는 힘든 일이다. 그럼 어떻게 해야 할까? 분위기를 만들어주어야 하지 않을까?

부모들은 아이들을 가장 잘 안다고 생각한다. 하지만 몰라도 너무 모른다. 내 아이가 가진 성격이나 습관과 성향을 부모가 모두 알고 있어야 한다. 이러한 요소가 앞으로 내 아이가 어떻게 싫증 내지 않고 흥미롭게 공부할지 결정하기 때문이다. 남들이 하는 만큼 우리 아이에게 해주었는데 아이가 점점 공부에 흥미를 잃고 자신이 무엇을 하고 싶어 하는지도 모르고 이리저리 끌려 다니는 모습을 보면 아이도 불쌍하고 엄마는 엄마대로 속상하다. 한 명도 똑같은 아이가 없다.

정민이는 오늘도 공을 사러 왔다. 엄마에게 매일 공만 산다고 혼나면서도 동그란 것에 관심이 많다. 항상 정민 엄마는 정민이가 산만하고 가만히 있지 못한다고 난리다. 탱탱볼을 방에서 가지고 놀다가 형광등을 깬 적도 있다고 한다. 위험하게 놀아서 못하게 하면 짜증만 부리고 또다시 가지고 놀고 있다는 것이다. 우리 가게에 있는 같은 종류의 공도 색깔과 크기가 다르면 어느새 정민이는 그 공에 눈이 가 있다. 처음에는 그렇게 정민이가 공을 사는 것을 보고 깜짝 놀랐다. 어제도 샀는데 오늘도 사는 것이다. 어제 샀는데 또 사냐고 물었다. 어제 공보다 오늘 크기가 더 크다고 하면서 좋아하는 것이다. 정민 엄마는 옆에서 잔소리를 한다. 너는 아마 공 장사하면 딱 맞을 거라고 한다. 정민이는 아랑곳하지 않고 새로운 공만 들어오면 사는 것이다. 우리가 옛날에 딱지가 있고 유희왕 카드가 엄청나게 많아도 사고 또 샀던 것과 같다. 정민이는 이제 초등학교에 들어갔다. 신기하게 초등학교에 들어가니까 좀 더 운동하기 좋은 공들을 사기 시작했다. 탁구공, 야구공, 정구공, 축구공, 배구공, 농구공… 아마 정민이는 정말 공을 좋아하는 거 같다.

그런 정민이가 유소년 축구부에 들어갔다. 어려서부터 공을 그렇게 잘 가지고 놀더니 축구공을 다루는 솜씨가 다른 아이들에 비해 눈에 띄었다. 개인기도 뛰어나고 항상 산만하다고 혼나고 자라던 정민이는 이렇게 활동적인 아이였던 것이다. 중학교 입학도 축구부가 있는 학교로 갔다. 축구를 잘해서 고등학교도 축구부가 있는 곳으로 갔다고 한다. 축구 경기를 볼 때면 국가대표 선수가 되어 TV에 나오지 않을까 정민이 생각이 난다. 한 명도 똑같은 아이가 없다.

아이의 성격과 습관과 성향을 파악해야 한다

아이들이 가진 성격과 습관과 성향을 바탕으로 키워야 한다. 내 아이의 모든 성향을 무시하고 똑같은 방법과 방식으로 아이를 키우는 순간, 그 아이는 갈 길을 잃어버리게 된다. 내성적인 성격의 아이, 천방지축 산만한 아이, 용감하고 씩씩해 보이는 아이도 잘하고 싶은 마음은 같다. 이럴 때 부모의 역할이 중요하다. 아이가 공부에 흥미를 잃어가는 것은 부모에게는 속상한 일이지만 아이 또한 마음대로 되지 않아서 속상하다. 아이들도 공부를 잘하고 싶은 마음은 누구나 다 똑같다. 이럴 때 아이의 장점을 찾아보면 좋겠다. 아이들의 장점은 다듬지 않은 원석과 같다. 그래서 부모가 아이들과 소통하면서 어떠한 장점을 가지고 있는지 찾아서 어떻게 보석처럼 다듬어 가장 값진 곳에 사용할 수 있는지 제시할 수 있어야 한다.

그때 비로소 아이들은 꿈을 꾸게 된다. 꿈이 있으면 즐거워지고 공부를 좋아하게 된다. 이런 아이들이 공부를 좋아하면 할수록 꿈은 현실과 가까워진다. 아이의 장점을 발견하지 못하였어도 실망할 필요는 없다. 당신의 아이는 세계적으로 통틀어서 누구와도 비교할 수 없고 똑같지 않은 단 하나밖에 없는 존재이기 때문이다. 우리가 아직 아이의 장점을 찾지 못한 것뿐이다. 그 자체만으로도 최고의 가치를 가지고 있기 때문이다.

진수는 초등학교 4학년이다. 진수는 엄마가 없다. 아빠와 초등학교 1학년 여동생 혜리와 함께 산다. 진수 아빠는 회사에 가면서 용돈으로 항상 1,000원씩 아이들에게 주고 간다. 진수는 혜리를 잘 챙긴다. 슈퍼에 데리고 가서 간식을 사주기도 한다. 그리고 우리 문방구에 함께 와서 동생이 물건을 고를 때 오래 걸려도 혼내지 않고 기다려준다. 그래서 그런지 혜리는 밝다. 나는 그런 진수를 보면서 엄마들이 아이들과 같이 와서 빨리 고르라고 재촉하고 매일 똑같은 물건을 산다고 혼내는 엄마보다 대견하다. 4학년이면 엄마의 사랑은 받아야 할 나이인데 동생을 잘 챙기는 모습을 보면 안쓰럽기도 하고 기특하기도 하다. 진수는 학교에서 공부도 잘한다. 진수가 무엇을 좋아하는지 물어봤다. 그러자 처음에는 그냥 웃기만 하더니 아이들과 놀면 동생을 돌보지 못 해서 집에서 주로 게임을 한다고 했다. 그러던 진수가 고등학교는 서울에 있는 프로게이머 학교에 갔다. 얼마나 혼자 게임을 하면서 세상과 싸웠을까 생각하니 마음이 아팠다. 그래도 좋아하는 길로 갔다는 것은 좋은 일이었다. 프로게이머로 대회에 나가 입상을 해서 아빠한테 돈을 보내왔다는 얘기를 들었다. 심성도 착하고 동생도 잘 돌보던 진수가 앞으로 더 원하는 것을 하면서 즐겁게 살았으면 좋겠다.

주영이는 올해 고등학교에 입학했다. 주영이는 중학교 때 공부는 관심이 없었다. 게임하는 것을 좋아하고 미술을 좋아하고 책 읽는 것을 좋아한다. 주영이는 기숙사가 있는 학교에 들어가서 적응이 어려웠는지 매일 학교에 가기 싫다고 울면서 전화가 왔다. 처음에는 자퇴를 하겠다고 해서 주영 엄마는 성적도 중요하지만 일단 아이가 자퇴를 하지 않고 학교에 다니는 것이 중요하기 때문에 2학기 때 기숙사에서 나온 상태다. 학교와 거리가 멀어서 힘들 것이다. 하지만 학교가 끝나고 집에 오면 게임도 하고 책도 읽고 하고 싶은 일을 하다 잠이 들어서 그런지 아침에 일찍 일어나서 학교에 갈 준비를 스스로 한다는 것이다. 시험을 보았는데 거의 바닥이란다. 매일 게임만 하고 책을 읽으니 성적은 당연히 안 좋을 수도 있다. 하지만 주영이는 집중력이 높은 아이다. 책을 많이 읽어서 그런지 국어 성적은 3등을 했단다. 주영이는 지금 공부에 관심이 없는 것이지 머리가 나쁘지는 않다. 이제 고등학교 1학년이면 얼마든지 동기 부여를 받으면 원하는 것을 찾고 잘할 수 있다는 것을 안다.

세상에서 가장 어려운 일은 우리 아이를 객관적으로 보는 것이다. 아이들은 부모의 무조건적인 사랑을 받기 바란다. 그러나 학습이 들어가는 순간 부모와 아이들 사이는 멀어진다. 부모는 아이를 객관적으로 보려고 노력하고 공감하고 기다려주어야 한다. 부모와 아이는 각각 자신이 하고 싶은 말을 하고, 듣고 싶은 말만 듣는다. 그것은 소통이 아니다. 아이가 노력하는 만큼 성적이 나오지 않으면 생각하는 대로 되지 않는다고 부모는 실망한다. 우리도 살아봤지만 공부도 중요하다. 하지만 공부보다 더 중요한 것도 세상에는 널렸다. 아이가 좋아서 할 수 있는 것을 찾아주자. 세상에는 한 명도 똑같은 아이가 없다. 아이들은 누구나 적어도 한 분야에서만큼은 뛰어난 자질을 가지고 태어났다. 다만 그 자질이 언제쯤 발휘되는지에 따라 결과가 달라질 뿐이다.

문구점 언니의 뼈 때리는 육아 이야기

2장

당연히
공부보다
자존감이 먼저다

01

도대체 누구를 위한 공부인가?

행복을 얻기 위해서는 모든 것에 만족할 줄 알아야 합니다.
만족하며 사는 마음, 이것은 세상에서 가장 행복해지는 비결입니다.
- 안데르센의 동화 「행복해지는 부적」 중에서

정말 아이들을 위한 것일까?

우리는 아이들에게 공부하라고 잔소리할 때 꼭 하는 말이 있다.

"너 잘되라고 하는 말이야."

정말 아이들을 위한 것일까? 자신이 한 말에 정당성을 부여하려고 하는 말이다. 오히려 아이들은 정말 듣기 싫은 말이다. 꼭 필요할 때 따끔하게 한마디 해주는 지혜가 필요하다. 아이들도 딱 한마디 듣는 순간 반성을 하게 되고 많은 생각을 하게 된다.

학교 다닐 때 엄마에게 공부하라는 소리를 들어 보지 못했다. 그런 엄마의 행동이 나에게는 공부에 대한 부담을 주지 않았다. 공부는 재미있는 것이라는 생각이 들게 해주었다. 엄마가 학교 다닐 때 공부하라는 소리를 안 해줬다고 아이들이 원망하는 경우를 봤다. 만약 학교 다닐 때 엄마가 공부하라고 했으면 정말 잘했을까? 그런 아이들은 공부하라고 하면 더 안 했을 것 같다. 공부는 스스로 할 때 효과가 제일 크기 때문에 엄마가 시켜서 했으면 분명 하다 말았을 것이다. 우리도 뭔가 하려고 할 때 주변에서 시키면 더 하기 싫은 것과 같다.

아이가 스스로 공부하게 만드는 방법이 있다면 얼마나 좋을까? 아이가 잘되기를 바라지 않는 부모는 없다. 새로움에 대한 호기심, 그것을 알아가는 과정에서 재미와 성취감을 느낄 수 있도록 분위기를 만들어주어야한다. 일방적으로 공부를 강요한다면 정말 아이는 공부와 담을 쌓을 것이다.

아빠는 내가 하고 싶다는 것은 거의 다 시켜주었다. 초등학교 1학년 때는 미술을, 3학년 때는 무용을, 4학년 때는 합창을, 5학년 때는 배구를, 6학년 때는 글짓기부를 했다. 우리 부모님은 한 가지를 계속 안 하고 이렇게 많은 것을 하냐고 한 번도 얘기한 적이 없었다. 그저 내가 하고 싶다고 하니까 시켜주셨을 뿐이다. 그리고 하고 싶은 게 많았던 나는 학년이 바뀔 때마다 전에 하던 것과 새로 시작하는 것들이 너무 재밌고 즐거워서 시간을 쪼개가며 할 수 있는 것은 다 했다.

피아노도 배우고 싶었다. 하지만 시골에는 학원이 없었다. 그래서 아빠는 피아노 대신 쌀 한 가마니를 팔아 풍금을 사주셨다. 중학교에 올라가면서 버스를 타고 시내로 학교를 다니게 되었다. 그래서 그때부터 배우고 싶었던 피아노를 배우기 시작했다. 내 기억에 바이엘을 1주일 만에 다 배우고 체르니 치기를 들어갔다. 도시 사는 아이들보다 늦게 배우기 시작했지만 음계나 기본은 다 알고 있었기 때문에 가능한 일이었다. 그렇게 3년을 배우고 고등학교에 가서는 바빠서 더 배울 수 없었다.

그때 피아노를 배운 덕에 대학교 다닐 때 주말에 예식장에서 알바를 할수 있었다. 지금 생각해도 주말 알바는 고소득 알바였다. 결혼 한 달 전까지 계속 알바를 했다. 아마 서울로 가지 않았으면 결혼 후에도 계속했을지도 모른다. 그리고 방학 때 커피숍에서 알바를 했었다. 커피숍에서는 시급으로 돈을 받았다. 예식장과 커피숍 알바비는 차이가 많이 났다.

현중이도 공부를 하면서 알바를 열심히 하고 있다. 햄버거 가게에서 주말에 알바를 하고 평일에는 교수님들 배드민턴 코치 알바를 하고 있다. 방학이 되면 아이들 배드민턴 코치도 한다. 햄버거 가게에서 시급으로 받는 것과 운동으로 알바 하는 것에는 돈의 차이가 있다. 이렇게 자기가 하고 싶은 일을 할 때는 일이 일 같지 않다. 정말 즐겁게 할 수 있다.

아이들에게 공부를 재미있게 하는 방법을 찾아주는 것이 엄마의 역할인 것 같다. 어떻게 하면 좀 더 흥미를 가지고 공부를 할 수 있을까? 엄마가 중심이 돼서 일방적으로 시키는 공부는 결코 아이를 위한 공부가 아니다. 자기 만족을 위해서 공부를 강요하지 말자.

아이들에게 공부하라고 잔소리하지 말고 같이 공부하자고 하면 아이들은 어떨까? 아이가 공부를 하는 시간에 같이 책을 읽는다면 아이도 엄마의 행동을 따를 것이다. 엄마들은 가끔 아이들에게 내가 못 배워 한이 된다고 네가 잘돼서 우리 집을 일으켜 세워야 한다고 한다. 이런 말을 들으면 아이들은 엄청난 부담을 느끼고 정서적으로 매우 불안정해질 수 있다. 아이도 스스로 결정한 삶이 있다. 엄마의 이런 기대는 정말 힘들다.

명진이는 다른 아이들보다 학원을 많이 다녔다. 명진 엄마는 명진이에게 해주는 것이 많았기 때문에 항상 너는 서울에 있는 대학을 가라고 했다. 서울에 있는 대학을 갔으면 좋았을 텐데 열심히 공부했지만 지방에 있는 국립대를 갔다. 우리가 보기에는 지방에 있는 대학을 갔어도 국립대를 갔기에 잘했다고 칭찬을 해주었다. 하지만 명진 엄마는 다른 아이들보다 뒷바라지도 많이 해주었는데 거기 밖에 못 갔다고 아쉬워했다. 명진이는 요즘 학교생활이 즐겁다. 고등학교 때와는 너무 다르고 새로운 경험을 많이 할 수 있어서 만족해한다. 알바도 시작했다. 아이가 스스로 선택하고 결정했다면 스스로 경험하고 느끼도록 지켜봐주자.

지연이는 집안이 많이 어려웠지만 중학교 때 전교회장을 할 만큼 성실하고 착한 아이였다. 학원도 많이 보내주지 못했지만 선생님의 추천으로 외국어고등학교에 입학을 했다. 처음에는 외고 아이들이 공부를 너무 잘해서 많이 힘들어했다. 하지만 학년이 올라갈수록 중학교 때부터 혼자 공부했던 습관이 있었기 때문에 성적도 차츰차츰 올라가기 시작을 했다. 결국 원하는 서울에 있는 대학에 입학을 했다. 지연이는 선생님들한테도 인기가 많았다. 모르는 것은 모른다고 했다. 학원에 안 다니기 때문에 모르는 것은 선생님을 찾아가서 열심히 물어 자기 것으로 만들었다. 그런 지연이가 선생님들은 예뻤다. 하나라도 더 알려주고 챙겨주고 했다.

요즘은 아이들이 학교 선생님보다 학원 선생님을 더 의지하는 경향이 있다. 그래서 선생님들은 더 열심히 가르쳐주신 것 같다. 그리고 대학생의 꽃은 알바 아니던가? 지연이는 공부도 열심히 해서 장학금을 탔다. 알바도 열심히 해서 용돈을 충당하고 있다. 어려운 상황에서도 꿈이 있는 아이들은 자기가 원하는 것이 무엇인지 잘 알고 이것을 꼭 이룬다. 부모의 참된 역할은 무엇일까? 아이의 능력을 있는 그대로 봐주고 인정해주자. 스스로 선택하도록 도와주자.

공부는 누구를 위한 것인가?

초등학생이 원형탈모증에 걸렸다는 보도를 들었다. 중년 남성들에게나 나타나는 스트레스성 증상이다. 한창 성장기에 있는 아이들에게 나타난 것을 보면 요즘 아이들이 얼마나 스트레스를 받는지 불쌍하다. 그 아이는 학교가 끝나고 학원 5~6개씩 다니고 있다. 부모의 지나친 기대와 욕심이 아이를 얼마나 힘들게 하고 있는가를 보여주었다. 자식에 대한 기대를 지나치게 많이 하는 부모는 자신이 이루어야 할 삶까지 아이들에게 떠미는 것이다. 아이가 참된 인생의 의미를 깨달을 기회를 빼앗는 것이다.

공부만 하라고 강요하면 안 된다. 공부를 잘해서 부모의 기대에 부응하면 좋겠지만 그렇게 못할 경우 모든 혜택은 사라지고 만다. 아이들은 견디기 힘든 고통이다. 자신의 목적을 위해 아이에게 칭찬과 보상을 해주는 사람들이 있다. 자녀들을 지배하기 위해 칭찬하고 보상하는 것은 자녀가 아니라 자신의 노력이 중점에 놓이는 것이다.

아이를 인정해주는 것이 우선이다. 칭찬과 보상은 아이를 인정한다는 표시다. 아이들은 꿈이 있다. 부모는 눈에 넣어도 아프지 않을 만큼 자식을 사랑한다. 아이의 마음을 잘 들여다보고 이해하면 야단치지 않고 사랑으로 키울 수 있다.

아이들은 자라면서 점점 자기주장이 강해진다. 자신이 원하는 대로 하려고 한다. 아이가 원하는 것이 있을 때는 왜 그것이 하고 싶은지, 왜 선택했는지 이유를 물어보고 내 생각과 다르면 왜 다른지 설명을 해보자. 아이도 다 생각이 있다. 그럼 그렇게 생각한 이유와 자기의 생각을 얘기할 것이다. 이렇게 작은 일에도 관심 갖고 얘기를 하다 보면 아이는 행복하게 성장할 것이다.

머리 좋은 아이로 키우고 싶다

"물고기를 주어라, 한 끼를 먹을 것이다. 물고기 잡는 법을 가르쳐주어라, 평생을 먹을 것이다."

- 『탈무드』

지식보다 지혜를 가르쳐주자

지식은 물고기와 같고 물고기 잡는 법은 지혜를 의미한다. 세계 최강의 인재로 키워내는 『탈무드』 자녀 교육의 핵심 방법은 독서, 글쓰기 공부, 유머 훈련이 있다. 유대인의 자녀 교육에서 가장 중요한 것은 '독서'다. 유대인 가정 거실에는 책이 가득 들어찬 책장이 있다. 앉아서 읽고 토론할 수 있는 책상과 의자가 있다. 유대인의 독서 수준이 최고인 이유이다. 유대인 부모들은 자녀가 돌이 지날 때까지 베갯머리에서 동화책을 읽어준다. 유대인들은 머리가 좋기로 유명하다. 우리 아이들도 머리 좋은 아이로 키우고 싶다고? 유대인의 교육은 지식보다 지혜를 가르쳐준다. 지식은 사물과 세상에 대한 정보이고 지혜는 현명하고 슬기로운 판단력이다.

우리의 거실을 한번 생각해보자. 텔레비전이 있고 아이들 방에는 책과 컴퓨터가 있다. 보통의 아빠들은 퇴근 후 거실에서 텔레비전을 보고 아이들은 방에서 게임하느라 바쁘다. 사실 같은 공간에 있는 시간도 많지 않다. 아이들 방에 책은 있으나 거의 전시용이다.

현중이가 초등학교에 입학할 때까지 지금 가게에 딸린 방에서 살았다. 좁긴 했지만 참 행복했다. 한쪽에 아동 동화책이 책장에 꽂혀 있었다. 반대편에는 책상이 있었다. 가게에 딸린 방이라 아이들이 미술학원이 끝나고 집에 오면 태권도 가기 전까지 나랑 함께 책도 읽고 게임도 하고 공놀이도 하면서 지냈다. 아이들 동선이 내 눈에 다 들어와 있었다. 그러다 현중이가 초등학교에 입학하면서 근처 빌라를 구입했다. 아이들 방을 꾸며주었다. 나는 이사를 하고 정말 좋았다. 아이들도 엄청 좋아했다. 하지만 가게 방에서 생활할 때는 일어나는 순간부터 잠들 때까지 항상 같이 있었다. 이사를 하고 8시면 아이들을 집으로 올려 보내고 나는 10시까지 가게에 있었다. 가게에 있을 때는 아이들이 없는 시간에 집안일을 해놓았다. 저녁 때 아이들과 같이 텔레비전을 보고 그날 있었던 얘기도 물어보고 했었다.

이사를 하고 가게를 닫고 올라가면서부터 집안일을 하느라 바빴다. 아이들과 대화할 시간이 없었다. 그게 많이 아쉬웠다. 현중이와 현철이는 함께 방을 사용하게 되었다. 남들처럼 공부방을 따로 만들어 주었다는 것이 정말 좋았다. 그리고 선배 언니들이 아이들은 책을 많이 읽어야 좋다고 했다. 그래서 아이들이 집에 있는 시간에 심심하지 않게 책을 읽으라고 몇 질의 책을 샀다. 각자의 책상 책장에 꽂아주었다. 끝내주는 전시였다. 집에 책이 많으면 언젠가는 보겠지 싶어서 한 번에 많은 양의 책을 구입했다. 그렇게 사다 보니 고학년 때 읽을 수 있는 책들도 많았다.

나는 다 똑같은 책인 줄 알았다. 아이들이 한글만 배우면 내가 볼 때는 쉬워 보여서 술술 다 읽을 줄 알았다. 하지만 거의 1년이 지나고 책상의 책장을 봤더니 책들이 깨끗했다. 나의 방법이 뭐가 잘못된 거 같았다. 보기에는 멋있었다. 관심이 없는 아이들에게 어떻게 해야 하나 고민했다.

그때 책을 구매한 언니에게 물어보았다. 집에 방문해서 1주일에 2권씩 읽어주겠다고 했다. 그래서 그때부터 거기 있는 책들을 읽혔다. 그리고 개인적으로 책 읽고 토론하고 답사 가는 프로그램이 있다는 것이다. 현중이 또래 아이들이 몇 명 있어서 신청을 할 수 있었다. 현중이는 토론하기 위해 또 다른 몇 질의 책을 사야 했다. 1주일에 3권씩 읽고 토요일에는 토론 수업과 답사를 다니느라 바빴다

그렇게 1년을 했다. 현중이가 이제 그만하고 싶다고 해서 그만두었다. 4학년 사회부터 6학년 사회 시험을 보면 현중이는 거의 다 맞았다. 그리

고 너무 재미있다는 것이다. 그때 본 책들과 답사가 도움이 된 것 같았다. 그 이후 현철이도 그 토론 수업과 답사를 보내고 싶었다. 하지만 주변에 하는 친구들이 없어서 할 수가 없었다. 현철이는 사회를 힘들어했다. 이 렇게 책은 읽은 후에 나중까지 많은 영향을 미친다는 것을 알았다.

환경을 바꿔주고 말보다 행동으로 보여주자

현중이 생일이다. 초등학교를 첫아이를 입학시키고 아는 것도 없고 어 떻게 해야 할지 몰라 걱정하고 있는데, 학교에서는 임원 모임이 있었다. 그래서 모임을 참석하고 같은 반 임원 엄마들과 아이들을 초대해서 같이 생일 파티를 했다. 아이들은 신나게 치킨, 피자, 떡볶이 등 차린 음식을 먹고 모두 다 놀러 나갔다. 그런데 정우는 아이들 방에서 책을 보고 있었 다. 아이들이 모두 놀러 나갔는데 혼자 책을 보고 있다니 참 신기했다. 자 기 집에 없는 책들이 우리 집에 있다고 정우는 좋아하며 책을 열심히 읽 고 있는 것이다. 정우는 책을 엄청 좋아한다는 것이다. 동생인 건우도 책 을 엄청 좋아한단다. 그리고 아빠가 책을 좋아해서 잠잘 때 꼭 책을 읽어 준다는 것이다. 꼭 유대인 아빠 같다는 생각이 들었다.

우리나라 아빠들은 회사 갔다 오면 피곤하다고 저녁 먹고 텔레비전 보 다가 자는 것이 일반적이다. 이런 아빠가 정말 있긴 있었다. 그리고 주말 이면 아이들을 데리고 도서관에 간다는 것이다. 아이들이 습관이 돼서 책 을 잘 읽는다는 것이다.

정우 엄마는 책을 싫어한단다. 주말에 정우 아빠랑 아이들만 도서관에
보내고 자기는 집에서 쉬는 게 제일 좋단다. 지금도 건우는 아빠랑 도서
관에 갔다고 했다. 시간만 나면 도서관에 간단다.

현중이가 5학년이 되고 현철이가 3학년이 되었다. 현중이와 정우는 같
은 반이 되었고 현철이와 건우도 같은 반이 되었다. 그래서 아이들에 대
해 정우 언니와 얘기할 시간이 많았다. 초등학교 5학년에는 영어 수업이
있다. 우리는 중학교 들어가서 영어를 처음 배우고 초등학교 들어가서 한
글을 배웠다. 하지만 요즘 아이들은 입학 전에 유치원에서 한글을 다 배
우고 영어도 배우고 들어간다. 그래서 영어를 잘하는 아이들도 많다. 고
학년이 되어 영어를 처음 접하는 아이들도 있어서 아이들 수준은 천차만
별이다.

그런데 정우는 영어일기를 쓴다는 것이다. 정말 놀라웠다. 어떻게 그런
일이 있을 수 있지? 궁금해서 물어보았다. 아빠가 저학년 때는 잠잘 때
동화책을 읽어줬는데 고학년이 되면서부터는 잠잘 때 영어책을 읽어준
다는 것이다. 정우 아빠는 어려서 집이 가난해서 영어를 배우고 싶었는데
배울 수가 없었단다. 그래서 직장을 잡고 안정이 된 후에 영문학과를 들
어가서 배우고 싶었던 영어를 배웠다. 지금은 아이들에게 잠잘 때 영어로
책을 읽어준다는 것이다.

정우뿐 아니라 건우도 영어일기를 쓴다고 한다. 정우 아빠는 퇴근 후에
아이들의 영어일기를 읽어보고 잘못된 곳은 고쳐주고 아이들과 책을 읽

으며 같이 시간을 보낸다는 것이다. 나는 바쁘기도 했지만 한 번도 잠잘 때 책을 읽어줘야겠다고 생각한 적이 없다. 가게를 마치고 집에 가면 집 안일 하기 바빴다. 그리고 집안일이 일찍 끝나면 텔레비전을 보다가 잠들기 일쑤였다. 아이들은 방에서 게임하고 있으면 하지 말라고 하지 않았다. 옆에 있는 책을 읽으면 좋겠다고 말만 하고 있었다. 내가 읽으면서 같이 읽을 수 있도록 분위기를 만들어줘야 했다. 환경을 바꿔주고 말보다 행동으로 보여줘야 했다.

정우는 학교에서 시험을 보면 거의 올백 수준이었다. 정우 엄마는 정우에게 잘했다고 했다. 정우는 시험에서 한두 개 틀리면 아는 문제도 틀렸다고 짜증을 부린다. 욕심이 많아서 그런 것 같다. 나로서는 이해가 되지 않았다. 어릴 때 정우 아빠의 노력이 아이에게 많은 영향을 주었을 것이다. 정우는 중학교 가서도 공부를 제법 잘했다. 건우도 마찬가지로 공부를 잘했다. 아이들이 잘하면 주변 엄마들은 어떻게 공부하는지 궁금해한다. 그래서 엄마들에게 물어본다. 하지만 정우 엄마는 나에게 해준 말처럼 공부를 해라 시키지 않는다. 정우아빠가 잠잘 때 책을 읽어주었다. 주말 같이 시간이 많을 때 아이들과 도서관에 같이 갔다. 집에서도 도서관에서 빌려온 책을 같이 읽고 영어일기를 고쳐주고 그냥 일상을 얘기했다. 하지만 우리에게는 일상이 아니다. 따라 하고 싶지만 쉽게 할 수 있는 일들이 아니었다.

머리 좋은 아이로 키우고 싶다고? 그럼 어떤 노력을 하고 있는가? 한번 곰곰이 생각해보기 바란다. 나는 아무 노력도 하지 않고 집에 오면 텔레비전을 끼고 살면서 아이들에게 책을 읽으라고 하고 게임하지 말라고 말하고 공부하라고 하면 아이들이 집중해서 공부를 할 수 있을까? 아이가 공부하기 원한다면 학습 분위기를 만들어주고 같이 노력해야 할 것이다.

공부보다 자존감이 먼저다

"행복은 우리 자신에게 달려 있다."

- 아리스토텔레스

자존감이 높아지려면 부모의 무한사랑이 필요하다

현철이가 미술학원에서 액자를 만들어왔다. 소풍 가서 찍은 사진을 넣어서 예쁘게 만들어왔다. 선생님이 소풍 가서 아이들 하나하나 정성스럽게 사진을 찍어주었다. 그리고 아이들과 고사리 같은 손으로 일일이 테두리를 점토로 반죽하고 그 위에 여러 모양을 예쁘게 만들고 그 속에 사진을 넣었을 것이다. 그런 과정들을 생각하니 아이들이 액자를 만들면서 얼마나 행복했을지 상상이 간다. 선생님께 무척 고마웠다. 아이들에게 좋은 추억을 하나씩 만들어준 것이기 때문이다. 현철이에게 액자 만들면서 힘들지 않았냐고 물었더니 재미있었다고 했다. 나는 아이에게 액자가 너무 예쁘다고, 잘 만들었다고 칭찬을 해주었다. 현철이는 기분이 좋은지 하루 종일 웃고 다녔다. 그리고 예뻐서 가게에 걸어놓았다. 액자를 보는 손님마다 잘 만들었다고 했다. 현철이가 같이 있을 때는 서로 얼굴을 보고 웃으며 행복해했다.

초등학교에서 거의 올백 수준으로 공부를 잘하는 아이가 있었다. 선생님들은 항상 칭찬을 많이 해주었다. 주위에는 친구들이 많았다. 착하고 밝은 아이였다. 중학교에서도 전교에서 상위권에 들었다. 여러 학교에서 아이들이 모이다 보니 공부를 잘하고 착하다는 것이 어떤 아이들에게는 시기의 대상이 되었다. 처음에는 심각하게 생각하지 않았다. 아이들이 따로 놀자고 부르지도 않고 엄마 입장에서도 좋았다.

그러나 점점 학교 가는 것을 싫어했다. 학교에 가면 놀 친구도 없고 재미도 없고 공부도 하기 싫어했다. 왜 해야 하는지도 모르겠고 모든 것을 싫어했다. 점점 성적도 떨어졌다. 그나마 성적이라도 좋을 때는 아이들이 놀아주지 않아도 공부하느라 놀 시간이 없다고 생각했다. 하지만 지금은 친구도 없고 아무 즐거움도 없었다.

가장 크게 힘들어한 이유는 아이 스스로 자신을 아끼고 사랑하는 '자존감'이 낮아졌기 때문이다. 초등학교 때는 공부도 잘하고 친구들과 사이좋게 잘 지내고 선생님들께 항상 칭찬을 들었기 때문에 자존감이 높았다.

지금은 모든 것이 잘못되어 있었다. 공부보다 일단 자존감을 높일 수 있도록 엄마는 도와줘야 할 것 같다.

자존감이 높은 아이는 원하는 목표가 뚜렷하고 목표를 이루어 나가면서 어떠한 어려움이 있어도 꿋꿋하게 헤쳐 나간다. 무엇보다 새로운 도전이 있으면 두려워하지 않고 열심히 노력한다. 그렇게 한 발씩 앞으로 나아간다. 그리고 주도적인 인생을 살아가려고 노력한다. 자존감이 높은 아이들은 공부도 잘하고 아이들과 사이좋게 잘 지낸다. 자존감이 높은 아이로 키우고 싶다면 어떻게 해야 할까? 어릴 때부터 작은 것부터 스스로 알아서 하도록 격려하고 칭찬을 아끼지 말아야 한다. 그럼 아이는 스스로 알아서 하는 힘이 생긴다. 그리고 자존감이 높아지려면 부모의 무한사랑이 필요하다. 공부보다 자존감이 먼저다.

민준이는 엄마가 퇴근하고 집에 왔을 때 엄마가 들어오는지도 모르고 게임을 열심히 하고 있었다. 숙제를 하고 게임하기로 약속을 했다. 숙제 검사를 했다. 아무것도 안 하고 게임만 하고 있었던 것이다. 화가 난 민준 엄마는 아이에게 큰소리로 야단을 쳤다. 약속도 안 지키고 게임만 하는 민준이가 너무 미웠던 것이다. 얼른 들어가서 숙제를 하라고 소리 질렀다. 언제 스스로 알아서 할까 걱정스러웠다. 민준이는 요즘 들어 모든 것에 의욕이 없다. 엄마가 집에 없고 매일 숙제도 안하고 게임만 한다고 혼이 나는 일이 매일 반복되었다. 그런데 시간이 갈수록 더 묻는 말에 답도 없고 답답할 지경이었다.

민준 엄마는 민준이 친구를 슈퍼에서 만났다. 민준이가 요즘 숙제도 안 해오고 선생님께 꾸중 듣는 일이 많다는 것이다. 그리고 아이들과 잘 어울리지 못한다는 것이다. 집에서 숙제도 안 하고 게임만 해서 미웠는데 아이가 학교에서 스트레스를 많이 받고 있다고 생각을 하니 마음이 아팠다.

민준 엄마는 워킹맘이었다. 퇴근하고 집에 오면 집안일도 해야 하고 아이도 챙겨야 하는데 항상 피곤에 지쳐서 민준이를 많이 사랑해주지 못했다. 시키는 일도 하지 않는 민준이를 스스로 하지 않는다고 혼내기만 했다. 세심한 관심과 사랑으로 관찰하지 않았던 것이다.

슈퍼에서 돌아온 민준 엄마는 민준이를 불러 왜 숙제를 안 하는지 물었다. 그랬더니 학교에서 배울 때는 다 아는 것 같았는데 집에 와서 막상 숙제를 하려고 책을 펴면 무슨 말인지 하나도 모르겠다는 것이었다. 그래서 숙제를 할 수 없던 것이다. 급한 마음에 학교에 가서 아이들 것을 보고 대충 숙제를 하기도 했는데 점점 더 알 수가 없어서 지금은 그마저도 하지 않는다는 것이다.

민준 엄마는 후회를 하고 있다. 숙제를 좋아서 하는 아이는 없어도 게임하느라 못 한 줄 알았지 교과 과정을 따라가지 못 해서 안 한다고는 생각을 하지 않았기 때문이다. 지금까지 민준이가 혼자 얼마나 힘든 시간을

문구점 언니의 뼈 때리는 육아 이야기

보냈을까 반성하면서 어떻게 해야 민준이가 다시 잘할 수 있을지 고민하고 있다. 아이가 다소 부족하더라도 아이를 믿어주고 인정해주고 어떤 점이 어려운지 같이 고민하고 관심과 사랑으로 지켜봐야 했던 것이다. 선생님과 통화를 하고 민준이의 상황을 자세히 설명하고 좀 더 관심을 가져달라고 부탁했다. 집에서도 다시 할 수 있도록 노력하겠다고 했다.

좋은 말을 많이 듣고 자란 아이는 좋은 생각을 많이 한다

민재는 아이들 중에 운동을 최고로 잘한다. 운동으로 민재를 따라올 아이는 없다. 하지만 민재는 수학을 못한다. 오늘 수학 시험을 보았는데 수학점수가 60점이다. 민재는 엄마에게 자신 있게 얘기한다. 수학 60점 맞았다고 하면 엄마는 잘했다고 칭찬해준다. 민재 엄마는 다른 아이들과 비교하지 않는다. 민재가 전에 40점 맞았는데 한두 문제 더 맞추었기 때문에 기뻐하며 잘했다고 칭찬해주는 것이다. 그러면 민재는 더 잘해보겠다고 웃으며 말한다. 아마 민재는 더 열심히 최선을 할 것이다.

선혜는 수학을 잘 한다. 거의 100점을 맞는 아이다. 그런데 오늘 하나를 실수해서 90점을 맞았다. 선혜 엄마는 100점을 맞을 수 있었는데 90점밖에 못 맞았다고 혼을 냈다. 선혜도 다 맞을 수 있는 문제를 실수해서 하나 틀린 것이 속상해 죽겠는데 엄마도 90점밖에 못 맞았다고 한 것이다. 선혜는 항상 불안하고 긴장한다. 스트레스가 장난 아니다. 한 개만 틀려도 스스로 죄책감까지 들고 우울한 아이가 되어가고 있다. 점점 짜증을 많이 부린다. 엄마는 왜 그러는지 모르겠다고 한다. 엄격한 부모들은 한 가지 공통점이 있다. 칭찬에 인색하다는 것이다. 칭찬은 아이들이 자라는 데 너무나 중요한 요소이다. 선혜 엄마는 그것을 모르고 있는 것 같다. 엄격한 부모들은 아이를 주눅 들게 한다. 선혜는 항상 주눅 들어 있다.

그에 반해 민재는 항상 웃고 다닌다. 주위에 친구도 많다. 민재가 운동을 잘하기 때문에 특히 남자아이들한테는 인기 짱이다. 같이 놀자고 오는 아이들도 많다. 민재는 외아들이다. 민재 엄마는 친구들이 놀러오면 무엇을 좋아하고 잘하는지 물어본다. 그리고 그 아이들에게 항상 칭찬을 아끼지 않는다. 잘할 수 있을 거라고 얘기해주며 잘 챙겨준다. 그래서 민재는 항상 친구들이 주위에 많다. 민재는 친구들이 잘하는 노래도 따라 부르고 악기도 친구들에게 배우고 그림도 배우면서 그날그날 친구들과 재미있게 논 것에 대해 엄마에게 얘기를 잘한다. 그래서 민재네 집은 항상 웃음꽃이 피고 민재는 항상 행복하다. 수학 시험을 못 봤어도 당당하게 말한다. 주눅들지 않는다. 다음에 더 열심히 하겠다고 한다. 못 해도 혼내는 것보다 칭찬을 아끼지 말아야 한다. 아이 인생에서 공부보다 더 중요한 것은 자존감이다.

아이가 어려움을 극복하고 이겨낼 수 있는 아주 작은 성공의 기회를 제공해야 한다. 작은 일이라도 스스로 노력해서 성취해본 아이는 어려움을 두려워하지 않는다. 성취감을 느낀 아이들은 정서적으로 편안한 아이로 성장을 하고 공부에 몰입도 할 수 있게 된다. 하지만 인생에는 성적 말고도 필요한 것이 많다. 공부가 장점이 되는 아이도 있고, 다른 능력을 가질 수도 있다. 중요한 것은 아이가 공부 때문에 좌절하지 않고 재능을 발견할 수 있도록 도와주어야 한다. 내 아이가 행복하게 공부할 수 있는 미래의 꿈을 찾아주는 것이다. 인성이 잘 갖추어져 있다면, 공부가 아니더라도 그 아이는 충분히 자신의 길을 찾아 멋지게 살 것이다.

좋은 말을 많이 듣고 자란 아이는 좋은 생각을 많이 한다. 엄마는 아이에게 좋은 말을 많이 해주고 자존감을 키워주고 사랑을 느끼게 해야 한다. 아이가 처음부터 지니고 있는 성장의 힘을 부모가 믿고 함께 놀며 같이 즐거워하면 된다. 엄마의 얼굴을 보고 아이는 또 성장해간다. 아이에게 칭찬을 하면 아이의 성취감과 무엇을 하고자 하는 의욕이 높아진다. 자존감을 높여주는 강력한 매개체이다. 자존감이 높은 아이의 미래는 눈부시다.

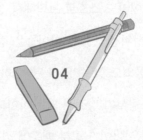

04

잘 노는 아이가 집중력이 높다

"칭찬은 아이의 노력에 한한 것이며 그에 대한 느낌으로 족하다.
일과 인격에 대한 평가는 금물이다."
- H. 지노트

집중 잘하는 아이들은 많은 장점이 있다

아이들이 책을 읽거나 게임을 하고 있을 때 심부름을 시키려고 부르면

아무리 불러도 못 알아듣는다. 집중하고 있기 때문이다. 불러도 못 알아

듣는다고 혼을 내면 끝까지 못 알아들었다고 한다. 처음에는 거짓말인 줄

알았다. 그런데 나도 어렸을 때 그런 적이 있다. 엄마가 부르는 소리를 못

들었는데 대답이 없다고 혼난 기억이 있다. 어른이든 아이든 무엇인가 집

중하고 있으면 옆에서 무슨 짓을 해도 모른다는 생각을 했다. 반대로 산

만하여 공부에 집중하는 시간이 10분도 안 되는 아이는 호기심이 강해 새

로운 지식을 빨리 받아들일 수 있다. 언어 감각이 둔한 아이라도 수리 감각은 뛰어날 수 있다. 아이들의 장점은 학습 태도뿐만 아니라 다양한 부분에서 찾을 수 있다.

현중이는 태권도를 7살부터 다녔다. 한글도 잘 모르는데 품새를 외우고 시키는 대로 하는 것을 보고 매우 신기했다. 초등학교 1학년에 1품을 땄다. 2학년에 2품, 4학년에 3품, 중학교 1학년에 4품을 땄다. 꾸준히 태권도 도장에 다녔기 때문에 어린 나이에 4품까지 딸 수 있었다. 현철이도 같은 시기에 시작해서 같은 학년에 똑같이 중학교 1학년에 4품을 땄다. 품새뿐 아니라 선수부 생활도 했다. 어린 몸으로 겨루기를 할 때 잘못 얻어맞으면 우는 아이들도 있었다. 그 모습도 얼마나 귀여웠는지 지금도 그때 생각을 하면 절로 웃음이 나온다. 겨루기 시합에 나가 입상도 했었다.

한번은 겨루기 시합에서 체중이 체급보다 많이 나간 적이 있다. 이틀 동안 밥도 안 먹고 바나나 반개를 한 끼 식사로 해결했다. 하지만 마지막 날 새벽에 얼마나 배가 고팠는지 물만 벌컥벌컥 마시며 참는 것이다. 안쓰러운 마음에 시합 안 나가도 좋으니까 그냥 밥을 먹으라고 했다. 하지만 절대 안 된다고 물만 마시고 갔다. 체중을 재고 잠시 틈이 있었는데 그 사이 빵이라도 먹겠다고 해서 먹이고 시합에 내보냈다. 은메달을 탔는데 체급에서 통과를 못했다면 시합을 뛸 수가 없기에 그렇게 독하게 참고 견뎠다. 정말 나라면 포기했을 것 같았다.

그리고 태권도에서는 합숙도 했다. 합숙할 때는 고학년들이 저학년을 돌보며 레크리에이션도 했다. 그리고 여름 방학에 제주도로 자전거 타고 일주하는 일도 있었다. 정말 태권도 도장을 엄청 좋아했다. 몸이 아파서 다른 학원은 안 간다고 쉬겠다고 해도 태권도는 빠지지 않았다. 그때 대단한 집중력이 생기지 않았나 싶다. 아이들이 운동을 싫어했다면 아무리 내가 시키고 싶어도 다니다 말았을 것 같다.

중학교 2학년에 올라가서 아이들은 운동을 하고 싶어 했다. 하지만 시간이 너무 맞지 않아 할 수 없이 그만두게 되었다. 그때부터 우리 현중이는 현철이에게 화를 내고 게임에 집중했다. 게임 많이 한다고 잔소리하면 대들고 그랬다. 그때는 그게 사춘기 시작인 줄 몰랐다. 그리고 남자아이들은 운동을 꾸준히 해야 정신적으로 신체적으로 건강하다는 것을 후에 알았다. 그래서 현철이는 게임한다고 잔소리도 안하고 심심해하면 배드민턴도 함께 쳐주고 바쁘면 학교 가서 축구라도 하고 오라고 보냈다. 항상 첫아이는 실험 대상이다.

집중 잘하는 아이들은 많은 장점이 있다. 완벽해 보이는 아이들도 부족한 부분은 있고 부족해 보이는 아이들이라도 한두 가지는 잘하는 것이 있다. 그래서 부모들은 내 아이가 가지고 있는 장점이 무엇인지 찾아서 학습으로 연결해주면 어떤 아이라도 공부를 잘할 수 있다. 아이들은 각자 가장 좋아하고 자신 있어 하는 일을 할 때 집중해서 하게 된다. 그것이 학습으로 연결되면 성공적으로 이룰 수 있는 것이다. 시행착오를 겪더라도 다시 도전하며 원하는 것을 이루는 것이다.

학예 발표회가 있어 현철이 교실에 갔다. 산만하거나 집중력이 없어 보이는 아이들은 한 명도 없었다. 다들 자신의 순서가 되면 당당하게 무대로 나와 실력을 발휘했다. 현철이는 단체로 합주를 했다. 얼마나 많은 노력을 했을까? 떨리고 긴장도 될 텐데 모두 각자의 역할을 잘했다.

현철이 차례를 보고 다시 현중이 교실로 빠르게 향했다. 아이들이 각자 교실에서 진행 되는 중이라 못 볼 수도 있기 때문에 순서를 보았다. 현철이는 일찍 하고 다행히 현중이는 뒤에 있어서 현철이 교실에 갔다가 현중이 교실로 가는 길이다. 우리 현중이는 혼자 마술쇼를 준비했다. 현중이 차례가 되어 지켜보고 있었다. 마지막에 뭔가 잘못된 듯했다. 실수를 해도 각본에 없는 상황이 연출이 되었다. 당황스러웠을 텐데 아이들은 실수한 모습을 보고 더 좋아했다. 완벽한 것보다 실수하는 것이 더 매력 있고 사람다워 보였나 보다. 현중이는 애드리브로 관객들을 웃게 만들고 크게 인사하고 들어갔다. 학예회를 지켜보는 부모님들은 아이들 하나하나에 응원을 아끼지 않았다. 모두 행복한 모습이었다.

현철이가 1학년에 입학한 지 한 달쯤 지나 첫 공개 수업이 있었다. 설레는 마음으로 참관을 하고 있었다. 선생님이 연습장에 그림을 그리라고 했다. 현철이와 한결이는 옥신각신하고 싸우고 있는 것이다. 현철이는 준비물을 챙겨오지 않아서 한결이한테 빌리려고 했다. 아직 어린아이들이라 자기 것이라며 안 된다고 했다. 결국은 색연필을 빌려줘서 현철이도 그림을 그릴 수 있었다. 나는 창피했다. 우리 집이 문구점인데 우리 현철이가 준비물을 안 챙겨온 것이다. 현철이는 종종 집에서도 그림을 그린다. 어제 그림을 그리고 놀다가 집에 그냥 놓고 온 것이다.

그 후로 나는 현철이 가방을 수시로 보게 되었다. 아직 어리기 때문에 챙겨줘야 했다. 하지만 현중이는 성격이 꼼꼼해서 알아서 잘 챙겨갔다. 그래서 현철이도 그런 줄 알고 가방 검사를 안 했다. 그러나 그 후로 알림장을 보고 숙제를 다 했는지 체크했다. 준비물이 있으면 스스로 챙길 수 있도록 도와주었다. 잘하면 칭찬으로 스티커를 하나씩 붙여주었다. 그렇게 습관을 들이고 나니 서로 일상이 편해졌다.

제너럴 일렉트릭 기업을 성장시킨 금세기 최고의 경영자, 잭 웰치는 어린 시절 말을 더듬었다. 아무리 노력해도 잘 고쳐지지 않았다고 한다. 그런데 잭 웰치의 엄마는 "내가 말을 더듬는 건 너무 똑똑하기 때문이지, 어느 누구의 혀도 네 똑똑한 머리를 따라갈 수는 없을 거야."라는 말로 아들에게 무한한 자신감을 심어주었다고 한다. 자녀의 단점도 엄마의 보는 눈과 말하는 입에 따라서 장점이 된다는 좋은 본보기가 아닐 수 없다.

행복해할 수 있는 모든 것이 아이의 장점이 된다

아이들은 저마다 생각하는 것이 다르다. 무엇을 가르칠 때 끝까지 설명하기도 전에 척 알아듣는 아이라면 이해력이 높은 아이이다. 이런 아이는 엄마의 설명을 잔소리로 알아듣는다. 이런 것을 모르고 가르친 것을 또 가르치려 하면 아이는 엄마의 말과는 반대로 행동한다. 이해력이 좋은 아이들은 한두 번의 설명으로도 무슨 뜻인지 쉽게 알기 때문에 깊이 생각하려 들지 않는다. 그러므로 다시 설명하려 들지 말고 스스로 생각할 수 있도록 하자. 아이가 스스로 생각할 수 있는 시간을 주면 학습 태도를 완전히 뒤바꿔놓을 수 있다.

미숙이는 오늘도 슬라임을 사러 왔다. 엄마는 슬라임이 집에 얼마나 많은데 또 사냐고 빨리 다른 것을 고르라고 난리다. 새로운 슬라임을 사고 싶은데 엄마는 다른 것을 사라고 한다. 다른 것은 눈에 들어오지 않는다. 그저 새로운 슬라임을 사고 싶은 마음뿐이다. 결국 다른 것을 골랐다. 엄마는 그것을 사주었다. 내가 보기에 집에 없는 것을 고르긴 했다. 집에 가서 잘 가지고 놀지 않을 것 같다. 우리가 볼 때 똑같아 보여도 아이가 관심 있는 것을 사줬을 때 다양하게 가지고 놀고 또 가지고 놀고 반복해서 잘 가지고 논다. 이렇게도 만들어보고 저렇게도 만들어보면서 집중하고 창의성도 키우는 것 같다. 잘 노는 아이가 집중력이 높다.

아이들의 공부도 마찬가지다. 만약 내 아이가 질문을 했을 때 답을 늦게 말한다면 기다려줘야 한다. 아이는 생각을 하고 있는 것이다. 그런데 기다리지 않고 잔소리를 하고 재촉하게 되면 아이는 그때부터 건성으로 공부하는 습관이 생긴다. 사고력이 좋은 아이는 겉으로 표현력이 약하다. 생각이 많다 보니 행동이 늦어지는 것이다. 이런 아이들은 완벽을 추구한다. 그래서 실수할까 봐 행동하지 않는다. 이런 아이는 생각을 마음껏 표현하도록 기다려줘야 한다.

한 가지도 제대로 하지 못하는 아이들도 있다. 책상에 잠시도 못 앉아 있는 아이를 윽박지르거나 엄마의 권위로 억지로 오래 앉아 있게 한다고 해서 공부를 하는 것이 아니다. 대체로 이런 아이들은 활동 교육을 하면 효과 만점이다. 밖에 나가 화단에 꽃씨를 뿌리고 자라는 모습을 관찰하는 것이다. 이렇게 할 때 아이는 공부가 아닌 놀이로 받아들이고 집중력이 높아진다. 그래서 부모는 아이들이 지니고 있는 장점을 하루빨리 찾아주어야 한다. 성적으로 평가될 수 있는 것이 아니다. 아이가 잘할 수 있는 것, 행복해할 수 있는 모든 것이 아이의 장점이 된다. 이런 장점을 찾아주면 누구나 공부를 즐겁게 할 수 있다. 이렇게 내 아이가 갖고 있는 장점을 끌어내면 부족한 것도 모두 덮어진다. 하나에 집중할 수 있는 아이는 관심만 가지게 하면 즐겁게 놀면서 공부한다. 아이는 최대한 집중하고 있을 때 본 것, 들은 것을 아주 잘 기억한다.

문구점 언니의 뼈 때리는 육아 이야기

계속 해내는 힘은 어디서 오는가?

"성공하는 사람은 자기가 바라는 환경을 찾아낸다. 발견하지 못하면 자기가 만들면 되는 것이다."

- 버나드 쇼

배경지식이 가지는 힘, 독서의 힘

배경지식이 있어야 더 궁금해지는 법이다. 아는 것이 없으면 궁금한 것도 없다. 자율주행자동차에 대해 아는 게 있는가? 어떤 원리로 사람이 운전하지 않는데도 도로를 달릴 수 있는 것일까? 어떻게 다른 차와 부딪치지 않고 달릴 수 있는지 궁금한 것이 많다. 이것이 바로 배경지식이 가지는 힘이다. 궁금증은 결국 호기심과 창의력에서 오는 것이다.

자녀 교육 전문가들은 아이들이 성공하기를 바란다면 독서의 힘으로 키우고, 부모가 함께 공부하고 책을 같이 읽으라고 한다. 우리 아이가 최고가 되기를 바라면 환경을 바꿔주자.

초등학교 들어가기 전에 집에서 책을 배달해서 받아본 적이 있다. 그래서 집까지 책을 갖다주는 서비스가 있어서 신청했다. 주위에서 선배 언니들이 아이들은 책을 많이 읽게 하고 책을 읽으면서 궁금한 게 많아지게 만들어야 된다는 얘기를 들었다. 그리고 아이들이 질문하기 시작하면 엄마도 같이 열심히 책을 읽고 알려줘야 된다고 했다. 아이가 모르는 질문을 한다면 어떻게 해야 하지? 모른다고 얘기하는 것도 성의 없어 보이고 잘못 알려줘도 문제가 될 것 같고 고민이 되었다.

1주일에 5권씩 아이의 수준에 맞춰서 여러 분야의 책을 선정해서 갖다주었다. 1주일이 지나면 다른 책으로 바꿔주고 처음에는 아이를 앉혀놓고 열심히 읽어주었다. 하루 1권은 읽어야 했다. 그런데 하루에 1권 읽어주는 게 쉬운 일이 아니었다. 아직 한글을 잘 모르니 읽어줘야 하는 상황인데 내가 게을러지면 아이는 당연히 읽을 수가 없었다. 그리고 책을 읽다가 손님이 오면 읽어 줄 수가 없어서 아이는 다른 것을 하고 있었다. 집중력도 높아질 수가 없는 것이다.

그냥 집에 있으면 어떠한 방해도 받지 않고 책을 읽으면서 그림도 감상하면서 천천히 아이와 대화를 하면서 읽어주고 싶은데 나의 상황은 방해 요인이 너무 많았다. 꾸준하게 읽어주고 싶고 천천히 이해시키면서 읽어주고 싶은데 손님이 언제 올지 모르니 글만 소리 내어 빠르게 읽었다. 지금 같으면 책을 바닥에 꺼내놓고 그림이라도 볼 수 있도록 해야 했다. 그러나 책을 보다가 찢을까 봐 가방에 넣어놓고 내가 있을 때만 꺼내 읽어주었다. 아이들은 책 속에 그림도 보면서 상상의 날개를 펼 수 있다. 연습장에 그림책을 따라 그리기도 할 수 있다. 모르는 동물이 나오면 질문할 수도 있다. 그때는 너무 몰랐다. 책은 읽어주는 것인 줄만 알았다. 공부가 아닌 아이의 놀잇감이 되고 상상력을 충분히 높일 수 있었는데 말이다. 지금 생각하면 아무 도움이 되지 않았던 것 같다.

워런 버핏의 어린 시절은 온통 책이었다고 한다. 책벌레 버핏은 10살 때부터 투자에 관련된 책을 읽고 열한 살에 경제신문을 읽고 직접 주식 투자를 했다고 한다. 버핏 가문의 독서법을 보면 정말 배경지식의 중요성을 느낀다.

작은 언니가 아동책 판매를 한 적이 잠깐 있다. 그 당시 현중이가 6살이었는데 많은 책을 사주고 싶었다. 하지만 아직 글을 몰라서 내가 계속 읽어줄 자신도 없고 고민이 되었다. 그러다가 영어는 내가 해줄 수도 없는 부분이라 일찍 접하면 좋을 것 같아서 영어책을 몇 질 사줬다. 영어에는 테이프가 같이 따라왔다. 그리고 학습지 선생님이 1주일에 한 번씩 와서 수업을 해주었다. 괜찮아 보여서 시작했다. 아침마다 일어날 때 테이프를 틀어주고 선생님이 오면 스티커로 알파벳 기초부터 재미있게 수업을 해주었다. 그때는 가게에서 생활했기 때문에 현철이가 갈 곳이 없었다. 추운 겨울부터 수업을 시작해서 현철이는 옆에서 귀 동냥을 했다. 방해가 되면 가게로 나오라고 해서 데리고 있을까 생각도 했다. 선생님이 같이 있게 해보고 수업이 안 되면 말해 주기로 했다.

그렇게 수업을 나갔다. 현철이는 형이 선생님과 놀고 있다고 생각을 했는지 형 옆에 얌전히 앉아서 알파벳 붙이는 것을 보고 먼저 떼어서 붙이고 좋아하는 것이었다. 수업이 안 되게 떠들고 방해를 한 것은 아니고 귀엽게 방해를 한 것이다. 선생님은 웃으시며 이러면 안 되겠다 싶었는지 둘이 교대로 한 번씩 붙일 수 있도록 배려를 해주었다. 그렇게 첫 수업을 마치고 다음부터는 가게에서 나가야 하나 생각을 했다. 하지만 선생님이 괜찮다고 서로 방해를 하는 게 아니라 선의의 경쟁이 될 것 같다고 했다.

다음부터는 선생님이 스티커를 한 장 더 챙겨오셨다. 스티커를 붙이면서 알파벳 하나하나 배워나갔다. 그다음은 단어를 배우고 게임을 하면서 수업을 재미있게 하였다. 각자 스티커가 생기니까 현중이는 동생한테 지기 싫었는지 수업을 더 열심히 들었다. 선생님은 우리 아이들의 모습을 보고 흐뭇해하였다. 다른 집은 수업을 할 때면 동생들이 못하게 방해를 해서 따로 방문을 잠그고 하는 집도 있다고 하였다. 그런데 우리는 서로 잘 따라 하니까 수업이 더 재미있게 진행된다고 하였다. 참 고마웠다.

그렇게 시간이 흘러 아이들이 초등학교에 들어갔을 때 학습지를 계속 시키고 싶었는데 선생님이 개인적인 사정이 생겨서 그만두게 되었다. 그 이후에 오신 선생님들은 자주 바뀌었다. 아이들도 전 선생님처럼 좋아하지 않아서 학습지를 끊었다. 현중이를 학원에 보내면 현철이도 따라 학원을 보냈다. 현철이는 2년 정도 모든 것을 형보다 빠르게 접하게 되었다. 현중이가 학원에 가면 현철이도 같은 학원에 등록을 하고 둘이는 시간이 같으면 항상 쌍둥이처럼 붙어 다녔다.

가끔 보시는 어른들은 우리 아이들이 쌍둥이냐고 물으시는 분도 계셨다. 학습지를 그만두고 1년쯤 쉬었다가 영어학원을 보냈다. 마땅히 보낼 학원이 없었는데 그때 영어학원이 생겼다. 영어학원 원장님은 현철이를 다른 학원에 보내다가 왔냐고 물으셨다. 그래서 집에서 학습지 잠깐 한 것밖에 없다고 했다. 그랬더니 발음이 너무 좋다고 좋아하셨다. 생각해보면 현중이가 영어 시작할 때도 같이 시작했다. 현중이가 학교에서 수업을 하고 있을 때 현철이는 학원에서 집에 일찍 왔다. 그리고 심심하면 혼자서 테이프를 틀어놓고 잘 놀았다. 그게 도움이 많이 되었던 거 같다. 계속 해내는 힘은 어디에서 오는 걸까?

책을 가지고 놀아주자

내 아이가 성공하기를 바란다면 성공할 수 있는 배경지식을 만들어 주는 게 중요하다. 인성에 대해 강조하고 싶다면 인성에 대한 배경지식을 가지도록 해야 한다. 유대인들은 경제 교육을 매우 어릴 때부터 강조하고 실제로 13살이 되면 아이들이 경제적으로 독립하게 한다. 우리나라는 불가능하다. 우리 아이들은 수학 공부는 가르쳐도 경제에 대해서 알려주지 않는다. 교과서에도 성적을 위한 공부만 하고 있다. 실질적인 경제는 없다. 책이 정말 중요한데 아이에게 책을 읽으라고만 하지 책을 읽어주는 엄마는 얼마 없다. 아이들이 습관이 될 때까지는 같이 책을 읽어주며 관심을 가질 수 있도록 만들어주어야 한다.

배경지식은 호기심과 관심이다. 호기심이 생기고 관심이 있어야 질문도 할 수 있다. 아무것도 모르면 질문을 할 수가 없다. 아이들이 질문을 잘하기를 바란다면 다양한 경험을 할 수 있도록 해주자. 경험을 통해 호기심이 생기면 궁금한 것을 질문하게 되어 있다. 우리가 생각할 때 뻔한 질문을 하여도 왜 그런 질문을 하는지 아이의 입장에서 생각하기 바란다. 아이는 궁금하니까 질문하는 것이다.

어떤 아이가 호기심이 많을까? 정서적으로 안정된 환경에서 자란 아이들이 호기심이 많다. 아이들은 마음이 편할 때 활동 범위를 넓힌다. 그리고 새로운 것에 대해 자연스럽게 익히게 된다. 아이들이 감기에 걸려 몸이 아프면 아무것도 하기 싫다. 정서적으로 안정이 되어야 계속 해내는 힘이 생긴다. 공부도 책도 호기심이 생겨야 계속 질문하게 된다.

어떻게 배경지식을 높여줄 수 있을까? 여러 분야의 책을 읽게 해야 한다. 직접 경험하면 좋지만 모든 것을 직접 경험할 수 없기 때문에 책의 도움을 받아야 된다.

처음부터 아이들이 책을 좋아할 수 있을까? 아니다. 교과서 읽는 것도 싫었다. 미리 예습을 해오라고 해도 책 읽는 습관이 안 되서 책 읽기 예습은 거의 하지 않았다. 그래서 선생님이 예습하면서 궁금했던 상황이 있으면 질문하라고 했다. 나는 질문을 해본 적이 없다. 교과서를 읽고 가야 어떤 내용인지, 무엇이 이해가 안 되는지 궁금할 텐데 전혀 아는 게 없어서 질문을 하지 못했다.

우리 아이들도 똑같다. 아는 게 없으면 궁금할 리가 없다. 그럼 어떻게 책을 좋아하게 만들까? 책을 가지고 놀아주자. 책 속에 있는 숨은 그림 찾기를 하고 그림을 보고 이야기를 지어내어 같이 대화를 해보자. 그림책에서 아이가 보는 것과 엄마가 보는 것은 다르다. 경험한 상황이 다르기 때문에 생각도 다르다. 그래서 아이들과 책을 보고 얘기하다 보면 참 재밌다. 그리고 아이들과 책을 읽다 보면 어느 순간 아이들이 한글도 자연스럽게 익히고 어떤 내용이 있는지 궁금해서 읽어달라고 하거나 스스로 읽게 될 것이다. 엄마는 아이가 성장해가는 과정에서 아이와 접하는 시간이 많다. 아이의 성향을 만들어 낼 수 있는 존재도 엄마고 이 모든 과정의 가장 중심에는 엄마가 있다. 아이의 모든 인생과 발달하는 인성에 가장 큰 영향을 주는 사람도 엄마다.

06

긍정적인 아이들이 행복하다

"행복은 다른 사람의 행복을 바라볼 수 있는 데서 생기는 즐거운 느낌이다."

- A. G. 비어스

엄마가 긍정적이고 행복하면 아이들도 긍정적이고 행복하다

아이들은 태어나면서 가장 먼저 엄마를 본다. 엄마의 보살핌을 받고 자라기 때문에 엄마가 행복하면 아이들도 행복하다. 아이들은 태어날 때 기본적인 기능만 가지고 태어난다고 한다. 성장하면서 엄마나 주변 인물들이 보여주는 행동 방식을 따라 하는 경우가 대부분이라 아이들 앞에서 '찬물도 못 마신다'는 말이 있다. 그만큼 엄마가 보여주는 모습은 아이에게 엄청난 영향을 미친다. 그래서 엄마가 긍정적이고 행복하면 아이들도 긍정적이고 행복한 것이다.

문구점 언니의 뼈 때리는 육아 이야기

전매청에서 벚꽃 축제가 있는 날이었다. 나는 모임이 있어 집을 나섰다. 현중이는 초등학교 1학년이었다. 친구들과 벚꽃 축제에 갔다. 현철이는 형을 따라 가겠다고 뛰어서 갔다. 현중이는 친구들과 가느라 현철이를 깜박했다. 처음에는 형이 뛰어가도 보였기 때문에 잘 따라갔는데 전매청에 들어가는 순간 사람들이 너무 많아서 형이 보이지 않았다고 한다. 그래도 앞으로 가다 보면 형을 만날 수 있을 줄 알고 앞만 보고 걸어가다가 한참을 가도 형이 보이지 않자 울기 시작했단다. 지나가는 사람들이 울고 있는 현철이를 보고 엄마를 잊어버린 것 같다고 파출소에 데려다 주었다.

6살 현철이는 내 휴대폰 번호를 기억하고 있었다. 나에게 연락이 와서 부랴부랴 파출소로 갔다. 불쌍하고 처량하게 앉아 있던 현철이가 나를 보고는 달려와 안겼다. 경찰 아저씨가 어떻게 6살밖에 안 되었는데 엄마의 전화번호를 기억하고 있냐고 기특하다며 칭찬을 해주었다. 그랬더니 우리 현철이 언제 무슨 일이 있었냐는 듯이 해맑게 웃는 것이다. 그리고 얌전히 나를 기다리고 있었다. 아마 현철이가 엄마를 잊고 미아가 된다는 것이 무슨 뜻인지 알았다면 울고불고 했을 것이다. 경찰 아저씨들이 엄마 곧 온다고 기다리면 된다고 하니까 그 말을 믿고 얌전히 앉아 있었던 것이다. 모르는 게 약이었지 싶다.

현철이가 학교에서 받아쓰기 100점을 맞았다고 좋아했다. 잘했다고 칭찬을 해주었다. 2층 할아버지가 지나가시다가 우리의 얘기를 듣고는 현철이를 불렀다. 받아쓰기 100점 맞았다고 용돈을 주셨다. 그리고 100점 맞으면 할아버지한테 와서 꼭 얘기하라고 했다. 우리 현철이는 신이 나서 슈퍼로 달려갔다. 먹고 싶은 것을 사 오겠다고 해서 그렇게 하라고 했다. 2층 할아버지는 항상 우리 아이들을 보면 학교 잘 다닌다고 칭찬해주시고 시험 잘 보면 잘했다고 칭찬을 아끼지 않았다. 항상 사랑을 듬뿍 주셨다.

현중이는 중학교 때 수학과 영어만 공부방을 다녔다. 다른 아이들은 종합학원을 다녔는데 5학년 때부터 다니던 공부방에서 선생님의 아이도 중학교를 갔다고 우리 아이들도 중학교 과정을 해주신다고 했다. 처음에는 초등학생만 가르치셨기 때문에 고민했다. 하지만 보낼 만한 곳도 마땅하지 않고 선생님이 정이 많으셔서 믿고 보내기로 했다. 현중이는 선생님이 영어 발음이 좀 이상하다고 했다. 그래서 교과서 테이프를 많이 들으라고 알려주었다. 수학은 문제집을 초등학교 때와는 다르게 3권을 같이 나가는 것이었다. 개념 문제, 심화 문제를 했다. 수학은 역시 많이 풀어야 하기 때문에 잘하고 있다고 생각했다.

선생님은 현중이를 많이 칭찬해주셨다. 보통 학교에서 배우고 오더라도 문제집을 풀 때 다시 개념 설명을 하고 문제를 푸는데 현중이는 혼자 개념을 읽고 문제를 풀고 다시 심화 문제를 푼다는 것이다. 그리고 설명을 해주려고 해도 혼자 풀어 보다가 안 될 때 알려달라고 한다는 것이다.

문구점 언니의 뼈 때리는 육아 이야기

심화 문제 한 문제를 가지고 30분에서 1시간을 풀어도 혼자 풀어보려고 끝까지 애를 쓰다가 안 될 때 물어본다는 것이다. 사실 아이들이 이렇게 공부하기가 어려운데 어떻게 이렇게 하는지 선생님도 신기해하셨다.

초등학교 3학년 때부터 기초가 튼튼해야 된다고 생각해서 연산 문제집을 하루에 3장씩 풀고 서술형 문제 1장씩 풀고 교과서와 별개로 시켰다. 그리고 학교 교과서와 연관 있는 문제집은 학기 전 방학 때 예습을 시키고 학기 중에는 한 단계 더 높은 심화문제를 풀게 했다. 더 중요한 것은 풀기 전에 모르는 것은 별표를 치고 다 푼 다음에 맞았던 틀렸던 시험 기간에 다시 보게 했다. 별표 친 문제는 답은 맞았을지 몰라도 알고 푼 것이 아니기 때문이다. 그리고 내가 채점을 해주지 않았다. 각자 푼 것은 각자 채점을 하게 했다. 그러다 모르면 나에게 질문을 하라고 했다. 아마 이것을 초등학교 때부터 했던 습관이 있어서 공부방에서도 그렇게 할 수 있었던 것 같다.

처음에 선생님은 현중이의 방식을 몰라서 많이 다투었다. 선생님 입장에서는 다른 아이들처럼 설명하려 했고, 현중이는 그렇게 해보니 머리에 남는 게 없고 공부가 공부 같지 않았던 것이다. 서로 안 맞아 그만두어야 하나까지 생각을 했다. 그러나 그렇게 6개월 정도가 흐르고 선생님이 현중이의 방식을 이해하시고 잘한다고 칭찬을 아끼지 않으셨다. 나도 잘 참고 버텨준 현중이가 고마웠다.

내 아이가 성적보다 바른 인성을 가지길 바란다

대학입시에서 봉사활동을 본다는 것은 사회적 약자를 돌보는 인성 자체를 평가하는 것이다. 아이가 긍정적인 자아가 형성된 바탕 위에 바른 인성을 갖추고, 세상과 아름답게 소통해야 한다는 것을 강조하고 있다. 잠시 성적을 내려놓고 생각해보면 이러한 내 아이를 상상만 해도 너무 행복해지지 않을까? 내 아이가 성적보다 바른 인성을 가지길 바란다.

현철이는 봉사활동으로 지체장애 시설에 다녀온 적이 있다. 처음에는 무서웠다고 했다. 몸은 어른인데 생각하고 행동하는 것은 5~6살 수준이라 어른이 떼쓰는 것처럼 보였다고 한다. 그래서 이해가 안 되었는데 시설 선생님이 어른들의 상태를 얘기해주셔서 이해가 되었다고 한다. 그리고 점심으로 먹으려고 컵라면을 들고 급식실로 가는데 사람이 막 뛰어오더니 컵라면을 달라고 했단다. 무서워서 얼른 먹으라고 주었더니 막 뛰어서 도망갔다는 것이다. 그런데 지체장애 어른들은 5~6살 수준이라 먹는 것에 민감하다는 것이다. 현철이는 시설을 다녀오고 자기는 건강하다는 사실이 행복하고 감사하는 일이라고 했다. 긍정적인 아이들이 행복하다.

현철이는 편의점 알바를 한 적이 있다. 나는 당연히 현철이가 주말에 몇 시간 일을 하니까 얼마는 받겠지 생각을 하고 한 달이 지났으니 얼마 받았냐고 물었다. 그랬더니 내가 계산한 것과 너무 달랐다. 나는 주말이

문구점 언니의 뼈 때리는 육아 이야기

라 1.5배는 아니라도 시급은 받았을 것으로 계산하고 있었는데 70%밖에 안 되는 것이었다. 이상하다고 덜 받은 거 같다고 했더니 3개월 동안은 수습이라 70%만 준다는 것이다. 아니 편의점도 3개월 수습기간이 필요한 건가? 주말에 하루 4시간 해야 왔다 갔다 차비 빼고 남는 게 별로 없었다.

그래서 그만두는 게 나을 거 같다고 했더니 웃으면서 경험이라 생각하고 한다는 것이다. 학교 근처에서 구해보려고 했더니 알바 하겠다고 하는 아이들이 많아서 경력자만 뽑고 그나마 지금 하는 곳은 학교에서 좀 떨어져서 한가하고 경험을 쌓을 수 있어서 좋다는 것이다. 변두리라 손님이 많지 않고 시험 기간에 손님이 없으면 책도 볼 수 있다고 괜찮다는 것이다. 친구들도 가끔 놀러 오는데 한가해서 얘기도 나누다 간다는 것이다. 경험 쌓고 나중에 근처로 옮길 수도 있고 즐겁게 하고 있으니 걱정하지 말라는 것이다. 우리 현철이가 이렇게 컸구나 싶은 생각에 대견했다. 이런 안 좋은 상황에서도 재미있게 알바를 하다니 기특했다. 그리고 알바 한 돈으로 형 생일선물이라며 티를 선물했다.

긍정적인 아이로 키우고 싶다면 어떻게 해야 할까? 공부보다 더 중요한 것이 있다는 것을 알려주어야 한다. 우리는 좋은 대학에 들어가면 다 되는 줄 알았다. 하지만 좋은 대학에 들어가고 좋은 직장에 들어가도 별로 변하는 것이 없다. 더 재미있는 세상이 있다는 것을 가르쳐주어야 한다. 엄마는 아이를 존중해줘야 아이도 엄마를 존중하고 스스로 긍정적인 사람이 된다. 엄마가 먼저 마음의 문을 열고 아이들이 궁금해하는 얘기를 물어보고 대화를 시작하면 아이들과 신나는 목소리로 대화를 할 수 있다. 그리고 그런 좋은 분위기를 만들어야 한다. 사람은 자아가 형성이 되면 자기가 원하는 방향으로 가게 되어 있다. 어린 시절 주변 환경이나 자신이 습득한 행동을 통해 스스로 칭찬을 받고 자란 아이들은 긍정적이다. 아이들에게 어떤 한계를 정해주기보다는 내 아이를 이해하고 있는 그대로 인정하는 것이 좋다.

07

감사할 줄 아는 아이가 성장한다

"가장 현명한 사람은 모든 사람에게 배우는 사람이고, 가장 강한 사람은 자신을 이기는 사람이고,
가장 행복한 사람은 범사에 감사하는 사람이다."

- 『탈무드』

선생님을 찾아가는 아이들

현중이가 4학년, 현철이가 2학년일 때 아이들 머리를 노랗게 염색을 해주었다. 같은 반 친구 성재가 염색하고 온 것을 보고 멋져 보였는지 염색을 하고 싶다고 했다. 그래서 바로 해주었다. 내가 봐도 정말 멋있었다. 아이들이 원할 때 바로 해줄 수 있는 것은 바로 해주는 것이 좋다. 그리고 이왕 해줄 거라면 시원하게 해주자. 그래야 아이들도 고마워한다. 아무것도 아닌 일로 아이들과 에너지를 빼지 말라는 말이다. 안 해주려고 한다면 끝까지 안 해줘야 한다. 이랬다저랬다 하면 아이들은 혼란스럽다. 그리고 뜸을 들이다 해주면 해주고도 좋은 소리 못 듣는다.

현중이가 고등학교 2학년 때 학교 축제가 있었다. 현중이가 주동이 돼서 5명이 댄스를 했는데 1등을 했다. 다행히 친구 중에 유튜브를 찍어서 올려준 게 있어서 내 유튜브 채널에 올려놨다. 참 신기했다. 오랜 시간이 흘렀음에도 그때의 동영상을 보면 나는 흥분이 된다. 현철이가 로하스 청소년 페스티벌 축제에서 은상을 수상했다. 그것도 올려놨는데 그것은 저작권 문제가 있어 노출이 되면 안 된다고 일부는 가려놓았다. 내가 내 아들의 동영상을 올리는 데도 조심해야 될 부분이 있다는 것을 알았다. 너무 재미있고 신기했다. 앞으로 좀 더 유익한 콘텐츠를 올릴 계획이다.

그래서 나처럼 처음 육아를 해서 겪었던 어려움 등을 같이 공유할까 생각 중이다. 아무런 준비도 없이 사람들과 공유한다는 것은 의미가 없기 때문에 앞으로도 많은 것에 도전할 생각이다. 새로운 세상을 하나씩 만나보니 전에 알지 못했던 너무 재미있는 세상이 아이들에게만 해당되는 것이 아님을 깨달았다. 우리도 얼마든지 스스로 찾는다면 더 넓고 멋진 세상을 구경할 수 있을 것이다.

5월 15일 스승의 날이다. 중학교에 간 현철이가 초등학교 선생님을 만나러 가기로 했다고 아이들과 통화중이다. 선생님께 무슨 선물을 해드릴까도 상의하는 중인 것 같다. 현철이뿐 아니라 같이 가기로 했던 친구들이 가게로 왔는데 너무 마음이 예뻐서 선생님 만나고 맛난 거 사 먹으라고 현철이에게 용돈을 줬다. 장미도 사고 선물도 사서 포장하고 남자아이들이었지만 제대로 준비를 했다. 선생님을 만나고 선생님이 바쁘시다고 해서 오래 있지 않고 바로 왔다. 아이들과 간식을 사 먹고 현철이는 공부방 선생님도 기억이 난다고 다시 공부방으로 갔다. 현철이는 선생님이 빵을 좋아하신다고 빵을 사간다는 것이다. 기특한 녀석, 선생님께 고맙다고 인사할 줄도 알고 정말 사랑스러웠다.

현중이와 현철이는 중학교 때 공부방을 다녔는데 가정에서 하시는 분이었다. 그런데 이 선생님은 남는 게 있을까 싶을 정도로 잘해주셨다. 아이들은 학교가 끝나고 5시쯤 가면 배고프다고 난리다. 집에 왔다 갈 수도 없었다. 집과 학교 사이에 공부방이 있었는데 공부방 선생님은 배고프다고 하는 아이들에게 엄마처럼 국수도 삶아주고, 손수 농사지은 고구마도 삶아주었다. 때로는 우유에 미숫가루를 타서 주기도 했다. 빵도 챙겨주시고 정말 감사한 선생님이었다. 아이들이 배가 고프면 집중이 안 된다고 항상 간식을 그렇게 준비해놓았다가 주신 것이다. 그래서 꿀과 라면을 사다드린 적도 있다. 아이들이 좋아하는 먹을거리를 사서 보내기도 했지만 항상 챙겨주시는 마음이 정말 엄마같이 푸근했다.

현중이는 태권도를 7살부터 다니기 시작해서 중학교 1학년 때 4품을 따고 그만두었다. 그때 7살일 때 태권도장에는 여자 사범님이 있었다. 현중이는 생각할 때 엄마가 매일 장사하면서 현철이랑 많은 시간을 보내느라 자기랑 놀 시간이 없다는 것을 일찍 터득한 것 같다. 그리고 운동을 좋아해서 그랬는지 한 번도 태권도에 안 간다고 한 적이 없다. 몸이 아파서 다른 학원은 빠져도 태권도는 갔다. 그리고 늦은 시간에는 형들이 하는 선수부 시간이라 아이들이 있기는 그랬는데 종종 한 타임 두 타임을 더 하고 왔다. 그럴 때면 여자 사범님을 엄마 사범님이라고 부르면서 잘 따르는 것이다. 사범님도 이런 현중이가 예뻐서 잘 챙겨주셨다. 다른 사범님도 귀엽다고 잘해주었지만 특히 엄마 사범님이 많이 업어주고 했던 것 같다. 그렇게 세월이 흘러 현중이는 대학에 갔다. 대학교 에어로빅 대회가 있었는데 현중이네 학교가 2등을 했다. 그 영상도 다행히 나에게 있다.

아이들만 성장하고 우리는 그대로였다

하루는 유성에 밥을 먹으러 지인들과 식당에 갔는데 모르는 번호로 전화가 왔다. 죄송한데 차를 긁었다는 것이다. 좀 복잡한 도로였지만 차가 못 지나갈 정도는 아니었는데 나와서 봤더니 태권도 차였다. 젊은 여자 사범이 운행을 하다가 차를 긁은 것이다. 어차피 사람이 차에 안 타고 있어서 안 다쳤으니까 괜찮다고 보험 처리 하자고 했더니 알겠다고 했다.

덜덜 떨고 있었다. 초보운전인가 보다. 나도 그런 적이 있었는데 괜찮다고 사진만 찍고 아이들 운행이라 먼저 보냈다. 잠시 후 관장님이 왔는

120

데 처음에는 몰랐다. 차에 대해 서로 얘기하면서 죄송하다고 차 수리하라고 했는데 그때 생각이 났다. 서로 눈을 동그랗게 뜨고 다시 쳐다보았다. "많이 본 분 같은데 어디서 봤죠?"라고 하시는 것이다. 그래서 자세히 보니 그 엄마 사범님이었다. 이럴 수가! 서로 웃으면서 반갑게 인사를 하고 전화번호를 받고 좀 더 얘기를 하다가 헤어졌다. 관장님도 아들만 2명이고 그때 행사를 같이 하던 곳이 있었는데 거기 계시던 사범님과 결혼해서 유성에 태권도장을 하고 있었던 것이다. 우리 현중이에게 얘기했더니 그때 기억이 나는지 엄청 좋아했다. 관장님이나 나는 하나도 변한 게 없는 것 같다. 아이들만 성장하고 우리는 그대로였다.

마침 같이 식사하던 지인분인 공업사 사모님이 자기 공업사로 차는 끌고 가서 수리를 했다. 내 차는 사고 얼마 안 돼서 친정집에 세워놨는데 동네분이 술을 한잔하고 지나가다 뒤 범퍼를 찌그러뜨리고 앞 범퍼는 가게 앞에 세워놨는데 앞집 상가 사장님이 지나가면서 다른 차 피하려다 찌그러뜨리고 하루는 모임이라 친구를 태우러 갔는데 오토바이가 경사를 올라가다 뒤 조수석 타이어 있는 곳에 넘어지면서 찌그러뜨리고 수난이 많았다. 그래서 앞, 뒤 범퍼는 차를 사고 1년도 안 돼서 교체를 해야 했다. 옛날 같으면 운행 중에 사고가 나면 사람이 많이 다칠 텐데 사람 없을 때 부딪쳐서 얼마나 다행인지 모르겠다고 감사하며 살고 있다.

장난치는 것과 놀리는 것은 다르다. 장난치는 것은 아이의 즐거움을 전제로 한다. 아이의 정서에 맞추어 이해하고 받아들이는 방식으로 아이가 즐거워하는 일을 만들 때 동심, 즐거움, 유머, 지혜가 돋보인다. 아이를 놀리는 것을 재밌어 하는 부모 중에는 아이의 마음을 조급하게 해 울려놓고 다시 웃게 만들면 그만이라고 생각한다. 하지만 이런 행위는 아이의 심리에 상처를 준다. 아이는 놀림을 받는 것을 조금도 재밌어 하지 않는다. 불안감을 느끼고 무시받는다는 생각에 자존심이 상하고, 사람을 사귀는 것을 두려워한다. 타인을 안 믿게 된다.

누가 아이를 놀리면 부모는 아이를 지키면서 단호하게 제지해야 한다. 이것은 사소한 일이 아니다. 아이에 관한 일 중에 사소한 일은 없다. 어른들 눈에는 사소한 일로 보이지만 아이에게는 큰일이다.

이렇게 아이들은 엄마가 사소한 일까지도 하나하나 신경 써줄 때 엄마에게도 감사할 것이다. 감사하는 습관이 성공의 비결이라는 말이 있다. 감사하는 습관은 배우고 훈련 받을 때 생긴다. 감사도 학습이라는 사실을 명심해야 한다. 아이들이 건강하게 잘 지내줘서 감사하다.

나 또한 건강해서 감사하다. 이렇게 책을 쓰고 있음에 감사하다. 특히 김 도사님을 2019년 9월 8일에 처음 만나 2019년 9월 9일에 책 쓰기를 시작했는데 어찌나 잘 가르쳐주시는지 2019년 10월 22일에 원고를 다 쓸 수 있었다. 이 모든 게 감사하다.

3장

아이와
눈높이를 맞추면
마음이 보인다

아이의 행동보다 마음을 먼저 보자

"교육에서 제공된 것은 가치 있는 선물로 인식해야지, 힘겨운 의무로 인식해서는 안 된다."
- 알버트 아인슈타인

좋은 엄마가 되고 싶었다

현철이가 태어나고 현중이는 병원에서 현철이가 신기했는지 꼬집고 심통을 부렸다. 현중이에게 현철이는 너의 소중한 동생이라 그렇게 꼬집으면 아프다고 했더니 다시는 그러지 않았다. 그리고 사람들이 아이가 태어났다고 축하한다고 방문을 하면 아기만 쳐다보고 안아주고 그랬다. 지금 생각하면 엄마가 자기와 함께 많은 시간을 보내고 장사할 때도 자기밖에 없어서 밖에 나가자고 하면 나가주고 업어달라고 하면 업어주고 모든 관심이 자기한테 있었는데 동생이 태어났다고 모든 신경이 동생한테 가 있었으니 그런 모습이 현중이에게는 얼마나 힘든 시간일지 생각을 하지 못했다.

현중이는 잘 울지 않는 아이였다. 그런데 현철이가 태어나고 몸조리를 할 때 현중이는 잘 울었다. 나랑 함께 있겠다고 떼를 쓰고 할머니가 안 된다고 하면 울었다. 엄마는 내가 아이와 편히 쉬라고 현중이를 데리고 나가셨다. 아빠는 현중이가 우니까 나에게 데려다주라고 했고 엄마는 현중이가 같이 있으면 잘 쉬지 못하니까 현중이를 업고 밖으로 나가시곤 했다. 엄마 등에 업혀 잠이 든 현중이를 나의 옆에 내려놓았다. 엄마는 우리를 출산해보셨기 때문에 지금이 얼마나 힘들고 졸린지 아셨던 거다. 그렇게 잠이 든 현중이와 현철이를 쳐다보면 세상을 다 가진 듯 기쁘고 아이들은 천사였다. 너무 예쁘고 신기했다. 준비 없이 엄마가 되고 두 아이의 엄마가 되었다. 우리 아이들을 정말 잘 키우고 싶었다. 나의 모든 것을 바쳐서라도 좋은 엄마가 되고 싶었다.

현중이가 잠에서 깨면 나의 등을 어루만지고 앞으로 와서 현철이 사이로 들어오기도 했다. 현철이를 재우면서 모유를 먹이느라 현중이에게 그러면 안 된다고 등 뒤로 보냈다. 잠시 현중이를 쳐다보며 안아주었지만 현중이는 많이 외로웠을 것이다. 아이라 표현을 못하고 엄마를 빼앗겼다고 생각했을지도 모르는데 그때는 너무 모르는 게 많았다. 가게로 돌아와 현철이가 울면 바로 달려갔지만 현중이가 부르면 기다리라고 했다. 내 생

문구점 언니의 뼈 때리는 육아 이야기

각에는 현철이는 나 아니면 안 된다고 생각해서 그랬던 것 같다. 바꿔 생각하면 현철이는 누워만 있으니까 현중이를 먼저 달려가서 왜 그러는지 들어주고 현철이에게 와도 되는 일이었는데 그때는 그러지 못했다.

현중이는 나를 졸졸 따라다녔다. 내가 청소를 하면 청소를 했고 걸레질을 하면 걸레질을 하고 앉아서 그냥 있으라고 해도 가만있지 않았다. 졸졸 따라 다니는 이유를 몰랐다. 그저 심심하니까 따라다니는 것으로 생각했다. 그런데 생각해보니 자기와 함께했던 시간들이 좋았고 자기가 나를 따라다니지 않으면 엄마는 현철이만 쳐다본다고 생각했었던 것 같다.

지금 생각하면 너무 미안한 생각이 든다. 아이가 그런 행동을 하는데 그냥 마음을 봐주지 못했던 것이다. 현중이가 혼자일 때는 사랑한다는 말도 많이 했다. 그럴 때면 현중이는 잘 웃었다. 그런데 현철이가 태어나고 둘을 돌보며 장사를 하다 보니 나는 많이 힘들었다. 사랑한다는 말도 많이 해주지 못했다는 사실을 지금 알았다.

2층 주인아줌마가 내려오셨다. 내가 장사하면서 아이들과 밥도 챙겨 먹지 못한다고 멸치 육수를 내서 수제비를 해오신 것이다. 현중이와 나는 수제비를 잘 먹는다. 맛있게 먹었다. 주인아줌마는 아이들이 끝나면 정신없다고 현중이를 데리고 2층으로 올라가셨다. 현중이도 2층 할머니가 자기를 예뻐하는 것을 아는지 잘 따랐다. 그렇게 올라가면 아이들이 끝나고 갈 때 한결 수월했다. 현중이가 있으면 밖으로 나가고 마음대로 돌아다녀서 업고 장사를 해야 했다. 그런 내가 힘들다는 것을 알고 데리고 올라가시는 것이다.

현중이를 저녁까지 먹여서 데리고 내려오셨다. 2층에 가면 빗자루를 찾아서 청소를 한다고 할머니는 너무 귀엽다고 잘한다고 칭찬을 많이 해주셨다. 사랑이 많으신 분이다. 정말 손주처럼 대해주셨다. 그리고 2층 아이들도 우리 현중이를 엄청 예뻐해주었다.

나중에 안 사실이지만 현중이가 음료수를 마시라고 줬더니 전축도 마시라고 부어서 고장을 낸 일도 있었다고 한다. 2층 큰아들이 아기가 한 일인데 얘기하지 말라고 해서 나는 모르고 있었다. 그런데 현중이가 커서 인사를 하러 2층에 갔더니 그런 일이 있었다고 기억 나냐고 물으셨다는 것이다. 당연히 현중이는 기억도 없단다. 그런 실수를 해도 아이들이라 그런 거라며 혼내지 않고 사랑으로 예뻐해주셨다.

엄마는 기다려줘야 한다

아이의 행동보다 마음을 먼저 보자. 우리는 어떤가? 아이들이 실수로 물을 엎었다고 하자. 보통 엄마들은 조심성이 없다고 잔소리를 한다. 그리고 엄마가 치운다. 아니면 이렇게 치우는 거라고 알려준다. 사람은 살다 보면 누구나 실수는 할 수 있다. 그럴 때마다 잔소리를 할 것인가? 잔소리보다는 해결 방법을 알려줘야 하지 않을까? 아이들도 다 생각이 있어서 똑같은 실수는 하지 않으려고 할 것이다. 스스로 치울 수 있도록 방법을 알려주고 기다려주자.

아이들이 장난감을 사달라고 떼쓰는 경우를 많이 봐왔다. 엄마들은 아이의 그런 행동에 약하다. 그래서 처음에는 집에 있는 장난감이라 안 된다고 말해놓고 울기 시작하면 창피해서 얼른 사주고 데리고 간다. 그런 아이는 항상 그렇게 떼쓰고 엄마는 안 된다고 하면서도 사주기 때문에 우리 엄마는 울기만 하면 사준다는 것을 잘 알고 있다.

다른 엄마의 경우다. 아이가 슬라임을 사 달라고 한다. 너무 많아서 안 된다고 다른 것을 고르라고 한다. 아이는 오늘 새로 들어온 반짝이 슬라임이 사고 싶다고 울기 시작한다. 엄마는 집에 너무 많아서 안 사줄 거라고 그냥 두고 간다고 협박을 한다. 그래도 한참을 울다가 울음을 멈춘다. 엄마는 한 번 안 된다고 하면 절대 안 되는 것을 알기에 아이는 아이클레이를 고르고 엄마는 계산을 하고 간다. 아이는 할로윈데이가 다가온다고 망토를 사달라고 했다. 엄마는 가격이 비싸다고 다른 것을 고르라고 했다. 아이는 꼭 망토가 갖고 싶다고 했다. 엄마는 협상을 한다. 오늘부터 용돈 1,000원씩 줄 테니까 저금통에 넣어서 모아서 사라고 했다. 한참을 고민하더니 그렇게 하겠다고 하고 나간다.

나는 지금까지 많은 경우를 보면서 나는 어떻게 했는지 생각해보았다. 현중이가 6살 때 슈퍼에서 원하는 것을 사달라고 떼쓰며 운 적이 있다.

나는 창피하기도 하고 필요 없는 물건이라 생각되어 다른 것을 고르라고 했는데 계속 울어서 그냥 두고 온 적이 있다. 집도 가깝고 찾아 올 수 있는 거리라 아무 생각 없이 혼자 그곳에 두고 왔다. 달래기라도 해야 했는데 창피해서 그 자리를 뜨고 싶다는 생각만 했다.

그 후로 현중이는 떼쓰면서 운 적이 없다. 나는 다행히 아이의 고집을 잘 꺾었다고 생각했다. 하지만 현중이 입장은 생각을 하지 않았던 것이다. 나처럼 아이를 혼자 두고 오는 것은 엄청 안 좋은 행동이라는 것을 알았다. 가장 지켜주고 보호해줘야 할 엄마가 두고 갔다는 것은 아이가 생각할 때 엄청난 배신이라는 것이다. 부정적으로 자랄 가능성도 높다는 것이다. 그럼 어떻게 해야 가장 좋을까? 기다렸다가 데리고 오는 방법이 가장 좋은 방법인 것 같다. 엄마는 기다려줘야 한다. 참을성이 필요하고 인내심도 있어야 한다.

현중이가 중학교에 가고 말이 없어졌을 때 학교생활이 힘들어서 그런 줄 알았다. 참 둔한 엄마였다. 주변에서 중학교 가면 아이들이 많이 변한다고 그때가 사춘기 시작이라고 많이 들었는데도 우리 아이는 아니라고 생각했던 것이다. 별일 아닌 것으로 짜증을 부리고 인상 쓰고 하는 모습이 보기 싫어서 같이 화를 내고 그러지 말라고 혼을 냈다. 그러다 보면 현중이는 나에게는 화를 풀지 못하고 현철이에게 화를 내고 말도 못 붙이게 하는 것이다. 그럼 나는 또 화를 내며 아무 죄도 없는 동생을 쥐 잡듯 잡는다고 혼을 냈다.

　이런 일들이 반복이 되고 점점 갈수록 심해져서 어느 순간 현중이가 무서워지기 시작했다. 우리 현중이가 이런 아이가 아니었는데 왜 그럴까 생각해보고 이게 사춘기구나 싶었다. 사춘기 때는 남의 자식으로 생각하고 관심을 좀 멀리 두어야 한다고 했는데 내가 현중이의 행동들을 보고 바로바로 지적하고 혼내고 했던 것이다. 그럼 어떻게 해결해야 할지 고민을 해보았는데 답이 없었다. 말을 걸어도 돌아오는 답은 신경질적으로 하는 말이라 더 화가 나고 자꾸 부딪치고 해결이 나지 않았다. 집에 오면 게임만 하고 마음에 들지 않았지만 더 이상 말을 하면 안 되겠다는 생각으로 그냥 지켜보았다.

　한 1년을 그렇게 지켜보고 있는데 댄스학원을 가고 싶다고 했다. 그래서 하고 싶은 게 생겼다는 것이 좋아서 보내주었다. 댄스학원을 다니면서 많이 좋아지고 사춘기를 잘 극복한 것 같다.

　그 시절이 지나고 나서 현중이는 나와 현철이에게 자기가 왜 그랬는지 모르겠다고 얘기한 적이 있다. 나도 그때는 왜 우리 현중이 마음을 봐주지 않고 행동 하나하나에만 신경을 곤두세우고 날카롭게 잔소리하고 했었는지 미안했다. 아이도 자기 마음대로 안 될 때가 있다는 것을 알았다. 그게 사춘기일 것이다. 그럴 때 엄마가 먼저 다가가 아이의 마음을 봐주고 이해해주고 공감해주었다면 더 좋았을 텐데. 후회가 남는다.

02

아이에게 배울 줄 아는 어른이 되자

"사람은 함께 웃을 때 서로 가까워지는 것을 느낀다."
- 레오 버스카글리아

눈을 보고 얘기해야 보이는 것들이 있다

아이가 자기 말을 안 듣는다고 엄마들은 말하고, 아이들은 엄마가 너무 일방적으로 몰아붙인다고 말한다. 결국 엄마와 아이는 각자 자신이 하고 싶은 말을 하고, 듣고 싶은 말만 듣는다. 그것은 소통이라고 할 수 없다. 이럴 때 일방적인 소통을 멈추지 않고 계속하다 보면 엄마와 아이의 사이는 멀어진다. 그럼 어떻게 사이좋게 만들 수 있을까? 엄마는 끈기 있게 기다려야 한다. 그리고 아이의 눈을 보고 얘기해야 한다. 아이를 다그치지 말고 아이를 기다려주고, 믿어주고, 생각할 기회를 주면 스스로 변할

문구점 언니의 뼈 때리는 육아 이야기

수 있다. 일방적으로 강요하지 말고, 명령하지 말자. 역효과가 난다.

간식만 먹고 들어가서 공부하려고 마음먹은 아이에게 맛있게 간식을 먹을 시간을 줘야 한다. 그런데 간식 먹는 중에 공부해야지 먹기만 하냐고 하면 아이는 분명히 엄마의 잔소리가 듣기 싫어 먹던 간식도 멈추고 방으로 들어간다. 하지만 공부는 하지 않는다. 알아서 하려고 했는데 엄마가 공부하라고 했기 때문에 엄마가 시켜서 하는 것처럼 생각되어 더 하지 않는다.

나도 그랬다. 엄마가 밖에 나가 일을 하고 돌아오시고 청소 좀 하지 않았다고 혼을 내면 그날은 죽어도 청소를 하지 않았다. 왜냐하면 나는 엄마가 오기 전에 청소를 해놓으려고 했다. 엄마가 돌아오기 전에 숙제를 끝내고 청소를 하려고 했는데 숙제를 끝내지 못 해서 청소를 하지 못했다. 그런데 엄마가 청소를 안 했다고 혼내면 나는 벌써 혼이 났기 때문에 그날은 절대 청소를 하지 않았다. 청소를 하고 칭찬을 듣고 싶었지 혼나고 청소하는 것은 나에게 의미가 없었다.

나는 현중이가 초등학교에 들어가고 이사를 했다. 그래서 가게에 나와 있는 동안 집안일을 할 수 없었다. 직장 다니는 것 같으면 퇴근하고 저녁 먹고 집안일을 하면 된다. 나는 10시에 문을 닫았기 때문에 가게를 닫고 집에 가서 청소를 한다는 것은 참 힘든 일이었다. 그래서 아이들이 크고 나서는 아이들에게 가끔 도움을 청했다. 현중이는 청소기를 돌리고 현철이는 걸레를 들고 다니며 선반 같은 위를 닦으라고 하고 나는 걸레로 바닥을 밀었다. 우리는 이렇게 분업해서 청소를 하면 나는 시간도 벌 수 있고 끝나고 나서는 아이들에게 칭찬도 해주고 고맙다고 말했다. 그리고 간식을 먹으며 그날 있었던 얘기들을 들을 수 있는 시간이 생겼다. 하지만 내가 혼자 청소하고 빨래 돌리고 옷 정리하고 혼자 집안일을 했을 때는 같이 대화할 시간이 없었다. 어떤 때는 현중이가 현철이를 데리고 청소를 해주는 깜짝 이벤트를 했다. 그때 나는 아이들에게 감동해서 더 많이 칭찬하고 고맙다고 했다. 우리는 이렇게 서로를 도와주며 살았다. 나에게 아이들은 항상 큰 힘이고 에너지였다.

아이의 행동보다 마음을 먼저 보자. 아이들이 엄마에게 바라는 것은 뭘까? 아이들이 엄마를 감동시키고 동생과 사이좋게 잘 지내고 칭찬받고 싶어 하는 것은 당연하다. 엄마에게 무한한 사랑을 받기 원하기 때문이다. 하지만 공부는 어떨까? 잘하고 싶지만 잘되지 않을 때가 있다. 모든 아이가 공부를 잘할 수 없다. 아이들은 다 다르다. 공부를 잘하는 아이가 있는가 하면 운동을 잘하고 친구들과 사이좋게 잘 지내는 사교적인 아이도 있다. 사교적인 아이가 집중력이 높다. 공부도 잘할 가능성이 높다. 하지만 사교적인 아이가 집중력이 낮다면 공부와 거리가 멀다. 그저 친구들과 노는 것은 좋은데 책 볼 시간은 없기 때문이다. 이럴 때 엄마가 해줄 수는 있는 것은 뭐가 있을까? 계속 놀기만 한다고 혼만 내야 할까? 아니다. 아이들이 같이 모여 공부를 할 수 있는 분위기를 만들어주면 좋다. 엄마나 선생님이 아이의 변화를 일으키고 싶다면 아이들이 목표를 가지고 각자 자기에게 맞는 방법을 찾도록 도와주는 역할을 해야 한다. 아이와 눈을 보고 얘기하면서 잘할 수 있는 길을 생각해보자.

칭찬과 스티커를 함께 활용하면 좋다. 눈에 보이는 칭찬은 매우 효과가 높다. 스티커가 모였을 때 아이가 좋아하는 무언가를 하게 하거나 사주면 효과는 한층 더 높아진다. 아이와 소통하려면 먼저 아이와 눈높이를 맞추어야 한다.

아이들에게 배워야 하는 세상이 올지도 모른다

현중이와 꿈에 대해 얘기했다. 현중이는 크리에이터가 되고 싶다고 했다. 나는 책을 쓰고 싶다고 했다. 역시 요즘 가장 인기 있는 직업은 크리에이터인 것 같다. 1인 미디어는 개인 혼자서 콘텐츠를 기획해 제작하고 유통시키는 것을 말한다. 1인 방송은 누구나 스타가 되고 미디어가 될 수 있는 가능성을 열어주었다. 1인 방송의 주역인 크리에이터들은 친근한 일상과 생생한 현장을 바탕으로 사용자들의 세분된 요구를 콘텐츠에 반영하면서 좀 더 참여적이고 개방된 미디어 환경을 구현해내고 있다.

요즘은 진학이 아닌 진로가 중요한 시대다. 우리가 클 때만 해도 공부 열심히 해서 좋은 대학에 가면 좋은 직장에 들어갈 수 있었다. 공무원이나 대기업에 들어가면 엄마들은 더 바랄게 없었다. 지금도 나쁘지는 않다. 하지만 미래에 대해 좀 더 생각해보면 요즘은 좋은 대학에 들어가도 좋은 직장 구하기는 하늘에 별 따기다. 그리고 좋은 직장을 구한다 하더라도 언제 구조 조정이 될지 모르는 불안한 현재에 살고 있다. 지금 있는 직업들 중에는 사람들이 하던 일을 기계가 하게 되어 사람이 필요하지 않는 일들이 많아질 것이다.

옛날에는 운전만 할 수 있고 성실하면 먹고 사는 데는 지장이 없다고 했다. 하지만 몇 년 후에는 자율주행자동차가 나와서 운전하는 일자리가 많이 없어질 것이다. 의사도 로봇기계가 나와서 수술을 하고 선생님도 인터넷강의로 대신하고 전 세계 유명한 사람들의 얘기를 유튜브에서 듣는다. 배우고 싶은 게 있으면 검색해서 얼마든지 스스로 공부할 수 있는 시대가 왔다. 우리가 클 때는 학교에서 배운 지식으로 평생 먹고살았지만 지금은 너무 빠른 속도로 세상이 변하기 때문에 대학교를 졸업하고 직장을 구하려 해도 내가 원하는 일을 찾기가 어렵다.

그렇다면 아이들에게 지금도 공부만 강요할 것인가? 공부가 중요한 이유는 꿈을 이루기 위함이고, 꿈이 중요한 이유는, 공부의 동기가 되기 때문이다. 그래서 공부를 잘하길 원하면 꿈을 꾸게 해주어야 한다. 꿈을 이루게 하기 위해서 동기 부여를 해주는 것이다. 둘은 떼어놓을 수 없는 관계다. 진로는 꿈을 이루어나가는 작은 목표들과 같기 때문에 더욱 구체적인 계획이 필요하다. 그런데 아직도 우리가 배운 방식으로 우리 아이들에게 얘기를 하고 강요를 하면 아이들은 듣지 않는다. 이게 바로 세대 차이라는 것이다. 나는 어른들이 아이들에게 세대 차이를 느낀다는 말을 많이 듣고 자랐다. 그리고 나는 우리 아이들에게 세대 차이 느끼지 않는 엄마가 되고 싶어 많이 노력했다. 하지만 요즘은 아이들의 말을 못 알아듣겠다. 나도 모르는 사이에 아이들도 많이 컸고 세상도 빠르게 변화하고 있는 것이다. 앞으로 아이들에게 배워야 하는 세상이 올지도 모른다.

크리에이터가 되고 싶다는 현중이를 응원한다. 우리 현중이도 나를 응원한다. 내가 책을 쓰고 싶었던 이유는 지금 하고 있는 일이 앞으로 힘들어진다는 것을 알기에 새롭게 할 수 있는 뭔가를 찾고 싶었기 때문이다. 그래서 자격증이라도 따서 평생 할 수 있는 일을 찾아보고 있었다. 그때 현중이는 나에게 유튜브에서 재미있는 동영상을 하나 보내주었다. 그것을 보면서 가만 앉아서 이렇게 재미있는 영상을 볼 수 있다는 것이 행복했다. 그리고 행복하게 할 수 일을 찾아야겠다고 생각했다.

그리고 앞으로 다가올 4차산업에 대한 책을 읽다가 앞으로 기계가 세상을 지배할 수도 있다는 무서운 얘기를 읽었다. 그리고 김민식PD의 유튜브를 보면서 작가는 창작하는 일이라 기계가 대신할 수 없다는 것을 알았다. 그래서 작가가 되기로 했다. 하지만 말이 쉽지, 주변에 작가들을 보면 책도 많이 읽고 지식이 풍부해야 했다. 그리고 두려웠다. 작가는 아무나 하는 것이 아니라 우리가 범접할 수 없는 대단한 사람들이기 때문이다. 그래서 나는 더욱더 책을 읽었다. 나에게 맞는 평생직장을 찾으려니 정말 난감했고 자격증을 준비하더라도 어떤 자격증을 따야 할까 고민하게 되었다. 그리고 내가 자격증을 따더라도 장롱면허가 되면 안 되었기에 열심히 찾았지만 적당한 게 없었다. 너무 광범위했기에 정하질 못했다. 하지만 현중이와 작가가 되겠다고 얘기를 했기 때문에 일단 방향은 작가로 정하고 책 쓰기에 관련된 서적을 읽으면서 다시 공부하는 마음으로 하나씩 준비를 했다. 작가가 되려면 책을 많이 읽어야 했다. 책을 읽으면서 여러 곳의 카페에 가입을 하고 둘러보다가 〈한국책쓰기1인창업코칭협회(이하 한책협)〉을 알게 되었다. 〈한책협〉 김 도사님이 말했다.

"성공해서 책을 쓰는 게 아니라 책을 써야 성공한다."

그래서 나는 성공하기 위해 책을 쓰고 있다. 현중이와 꿈에 대해 얘기하지 않았다면 나는 지금도 책만 읽고 있을 것이다. 현중이와 눈을 보고 얘기하지 않았으면 살던 대로 그대로 살고 있을 것이다. 하지만 〈한책협〉을 만나고·나에게는 많은 변화가 일어났다. 아이들 키울 때는 몰랐다. 바쁘게 살다 보니 미래를 생각할 시간이 없었다. 그렇게 시간은 흘러 50살에 가까워지고 나를 돌아볼 시간이 생기고 해놓은 게 없다는 생각에 불안과 걱정이 커졌다. 하지만 나는 제2의 인생에 무슨 일을 하면서 살아갈지 목표가 확실해졌고 그 일은 순조롭게 진행 중이다. 그러다 보니 하루하루가 너무 행복하다. 모든 게 〈한책협〉을 만나서 일어난 기적이다.

문구점 언니의 뼈 때리는 육아 이야기

아이들도 설명해주면 다 이해한다

"아이를 꾸짖을 때는 한 번만 따끔하게 꾸짖어야 한다.
언제나 잔소리하듯 계속 꾸짖어서는 안 된다."

- 『탈무드』

설명해주면 이해하는 아이들

예방접종이 있는 날이다. 보건소에 가서 줄을 서고 기다리는데 앞에 있는 아이가 주사를 안 맞겠다고 온몸으로 난리를 치고 있다. 결국은 엄마가 온몸으로 아이를 꽉 잡고 선생님은 금방 끝난다고 주사를 놓았다. 아이는 그때부터 엉엉 울기 시작했다. 기다리고 서 있는 아이들 중에는 이유도 모르면서 따라 우는 아이도 있다. 그럼 엄마들은 대부분 안 아프다고 얘기한다. 나는 우리 현중이에게 얘기해주었다. "현중아, 주사를 맞으면 따끔할 거야. 그런데 주사를 안 맞으면 언제 어디가 아플지 몰라. 아프기 전에 미리 아프지 말라고 맞는 거니까 씩씩하게 참고 맞자."라고 했다. 현중이는 설명을 해주었더니 알겠다고 했다. 얼굴이 굳어지고 온몸에 힘을 주고 있다가 주사 바늘이 들어갈 때 따끔했는지 얼굴을 찡그렸지만 울지 않았다. 참 잘했다고 했더니 많이 아프지 않았다고 했다. 아이들도 설명해주면 다 이해한다.

내가 초등학교 때 예방접종일이 떠올랐다. 1학년 때는 선생님들이 꿀을 입에 넣어주시면서 주사를 놓아주신 기억이 난다. 선생님이 입을 아~ 벌리고 꿀을 쭉 넣어주시고 나면 자리로 돌아가라고 했다. 순간 주사를 맞았는지 모르고 자리로 돌아가면 그때부터 조금 아파오기 시작했다. 그리고 2학년이 되었을 때 나는 주사를 첫 번째로 맞았다. 이왕 맞을 거 일찍 맞겠다고 손을 들고 나가서 맞고 들어왔다. 하지만 주사를 맞기 전부터 울기 시작하는 아이들도 있었다. 주사를 맞으면 그때부터 울기 시작하는 아이들도 있었다. 주사의 무서움을 알고 밖으로 도망가는 친구들도 있었다. 어디에 숨었는지 찾을 수가 없었다. 예방접종 선생님들이 돌아가고 나면 그때 어디선가 아이들이 나타났다. 지금 생각하면 주사는 따끔하고 만다. 하지만 여기저기 울기 시작하면 아직 맞지도 않았는데 무섭다고 생각하고 맞으니까 더 아프다고 생각했다. 그리고 괜히 고통을 더 크게 느꼈던 것 같다.

아이들도 설명해주면 다 이해한다. 엄마들은 '아이가 뭘 알겠어.' 하면서 안 아프다고 그냥 맞으라고 한다. 그럼 아이들은 어떻게 생각할까? 엄마의 말을 신뢰할 수가 없다. 분명히 엄마가 아프지 않다고 했는데 나는 아팠으니까. 아이에게 "주사를 맞으면 조금 아플 거야."라고 말하는 것은 어려움이 닥쳤을 때 일단 침착함과 여유를 찾고, 스스로 고통을 줄이고 자신을 보호할 수 있는 위치에 서게 가르치는 것과 같다.

현철이가 태권도를 가기 위해 차를 기다리다가 천막 기둥을 타고 올라가서 거꾸로 매달리기를 하던 중, 손이 미끄러져 바닥으로 떨어지며 머리를 다쳤다. 같이 있던 아이들은 가게로 뛰어 들어와 현철이가 다쳤다고 했다. 머리에서 피가 나고 있었다. 수건을 가지고 피나는 머리를 누르고 급하게 택시를 타고 병원으로 갔다. 나도 깜짝 놀랐지만 내가 호들갑을 떨면 더 놀랄까 봐 괜찮은 척하면서 현철이를 안정시켰다. 병원에서 머리가 찢어져서 수술을 했다. 지금도 머리 뒤에 수술한 부분에는 머리가 없다. 그래서 현철이는 머리를 너무 짧게 자르는 걸 좋아하지 않는다. 짧게 자르면 다 보이고 아이들이 머리가 없다고 놀린다는 것이다.

현철이는 음악 시간에 리코더가 준비물이었다. 준비물을 챙기면서 리코더를 4개 더 달라는 것이다. 의아해서 물었더니 같은 반 친구들이 우리 집이 문구점을 하니까 학원차로 학교에 와서 우리 집에 들를 시간이 없다고 집에 리코더가 없으니 갖다달라고 했다는 것이다. 웃음이 났다. 다른 아이들 같으면 싫다고 했을 거 같다. 그런데 우리 현철이는 "엄마 물건 많이 팔면 좋잖아." 하면서 이런 심부름은 당연하다고 생각하는 듯했다. 가끔 우리 현철이는 선생님이 시키는 물건들도 갖다드리곤 했다. 현중이는 이런 일이 한 번도 없었기 때문에 이렇게 다르구나 싶었다.

현중이가 미술학원을 다닐 때의 일이다. 미술을 잘하고 있는지 궁금해서 방문을 했다. 열심히 도화지 앞에서 그림을 그리고 있었다. 그림을 그리고 크레파스로 색칠을 할 줄 알았는데 옆 친구와 장난을 치며 노는 것이다. 그림을 그리다 말고 장난을 하길래 화가 나서 바로 들어가 현중이를 혼냈다. 친구들 앞에서 혼이 나서 그런지 현중이는 기가 죽어 조용히 눈치만 보는 것이었다. 옆 친구는 자기의 그림에 색칠을 하기 시작했다. 나의 눈치를 보는 듯했다.

선생님이 다른 수업을 옆에서 하시다가 들어오시더니 나에게 자리를 옮겨서 얘기를 하자고 하셨다. 오늘은 그림만 그리고 내일 색칠하기로 했다는 것이다. 생각보다 스케치를 빨리 해서 집에 가지 않고 친구랑 장난치며 놀고 있을 거라고 하셨다.

현중이한테 엄청 미안했다. 같이 집에 오는 길에 말을 걸어도 말을 하지 않았다. 나의 경솔한 행동이 얼마나 현중이에게 상처가 되었을까? 그렇게 잘못을 하고 실수를 한 것이 아닌데 친구들 앞에서 혼이 났으니 자존심이 강한 아이라 엄청 속상했을 것이다.

한참을 불편하게 지내다 이렇게 계속 오래가면 안 될 거 같아 현중이를 앉혀놓고 얘기를 했다. "현중아, 정말 미안해. 엄마가 생각이 짧았어. 수업 중이니까 끝나고 그러지 말라고 해야 했는데 정말 미안해."라고 진심 어린 사과를 했다. 그리고 앞으로는 억울하면 엄마에게 얘기하라고 했다. 얘기를 하지 않으면 아무도 모른다고 했더니 알겠다고 했다. 그 후로 나는 성급하게 아이들을 야단치지 않으려고 노력했다. 그리고 다른 사람 앞에서 특히 조심했다.

나는 아이들을 믿고 싶다

나는 아이들을 믿고 싶다. 하지만 가끔 물건이 사라진다. 분명 새로 가지고 온 물건이라 기억을 한다. 이런 일이 많다 보니 속상하기도 했다. 아이들이 괜히 구경한다고 두리번거리면 의심스런 눈으로 쳐다보았다. 그런 생활이 반복되다 보니 장사하는 게 즐거울 수가 없었다. 아이가 들어오면 그 아이만 주시하는 것이다. 단체로 들어올 때는 신경이 더 날카로워졌다. 살 거 없으면 다음에 살 거 있을 때 오라고 쫓기도 했다. 너무 장사가 싫었다. 모르고 지내다가도 없어진 물건을 보면 누가 그랬을까 신경이 쓰였다.

중학교에 간 민지가 하루는 죄송하다고 하면서 들어오는 것이다. 뭐가 죄송하다는 것인지 알 수 없었다. 왜 그러냐고 했더니 사실은 며칠 전에 펜을 몇 개 가져갔다는 것이다. 그런데 우리 가게에 와서 나랑 눈이 마주

칠 때마다 그 생각이 나서 나를 제대로 쳐다볼 수가 없었다는 것이다. 그렇게 괴로운 시간을 보내다가 더 이상은 안 되겠다는 생각이 들어서 잘못을 구하려고 왔다는 것이다. 펜 하나쯤이야 없어져도 나는 모른다. 하지만 자기의 잘못은 자기가 제일 잘 아는 법이다. 도저히 마음이 편치 않아 고민하다가 온 것이다. 다시는 그러지 않겠다고 약속하고 돌아갔다.

초등학교 저학년은 호기심에 가지고 싶은 물건을 가지고 간다. 꼼꼼한 엄마들은 가방 검사를 하다가 비싼 장난감이 가방에 있으면 어디서 났는지 물어본다. 아이들은 처음에 친구한테 빌렸다고 거짓말을 한다. 엄마들은 내일 당장 갖다주라고 한다. 그런데 아이가 자꾸 그 장난감을 가지고 다니면 다시 물어보아야 한다. 정말 친구가 주었냐고 물어봐야 한다. 아이가 난감해하면 더 자세히 어떤 친구냐고 물어보고 알아보아야 한다. 이렇게 관심을 가져야 아이의 잘못을 잡을 수 있다. 아이와 물건 값을 주려고 오는 경우도 있었다. 그럴 때마다 아이들과 다짐을 받는다. 정말 나쁜 습관이라고 설명해주고 다시는 그러지 않겠다는 약속을 하고 돌려보낸다.

어느 날 눈치를 자꾸 보던 성진이가 물건을 가지고 나가다가 딱 걸렸다. 문을 잠그고 얘기를 했다. 눈물을 글썽글썽하면서 잘못했다고 다시는 안 그런다는 것이다. 정말 다시는 그러지 말라고 약속하고 엄마에게 연락을 했다. 성진 엄마도 퇴근하고 와서 정말 죄송하다고 용서를 빌었다. 그

뒤로 우리 가게에 안 올 줄 알았는데 그래도 계속 온다. 그리고 나 또한 내색하지 않고 성진이가 오면 더 크게 반겨주었다. 그 후로 나의 눈치를 보지 않았다.

아이들은 자기들이 무슨 행동을 할 때 어색한 행동을 한다. 그리고 성진이는 내가 볼 때 초범이다. 많이 해본 아이들은 변명을 하느라 바쁘다. 놓고 가려고 했는데 깜빡했다고 말하는 아이들도 있다. 지갑에서 돈을 꺼내주며 깜빡했다고 하는 아이들도 있다. 집에 전화를 하면 엄마들 또한 그럴 리가 없다고 화를 내는 엄마도 있다. 참 난감할 때가 있었다.

나는 고민하다 증거가 없어서 그런다는 것을 알고 CCTV를 달았다. 아이들이 물건을 가져가면 인정 안 하는 엄마들에게 보여주기 위한 목적도 있었지만 예방 차원이었다. 그리고 이렇게 예쁜 아이들의 좋은 점을 많이 봐야 하는데 항상 의심스런 눈으로 아이들을 보다 보니 나도 자꾸 부정적인 생각도 많이 하게 되고 하루하루 너무 재미없고 지루했다. 그래서 고민하다가 CCTV를 달았다.

역시 효과가 있었다. 나의 눈치를 보는 아이들이 있으면 불러서 미리 CCTV 화면을 보여주며 내가 다른 사람 물건 찾느라 다른 곳에 잠시 가더라도 다 보고 있다고 알려줬더니 아이들은 신기해했다. 그리고 CCTV에 자기가 나온다고 좋아하는 아이도 있고 아이들 행동이 많이 바뀌었다. 나 또한 마음이 가벼워지고 의심하지 않으니 아이들이 더 예쁘게 보이고 장사도 재미있어졌다.

새로운 세상을 많이 보여주자

"나는 날마다 모든 면에서 점점 더 나아지고 있다."
- 에밀 쿠에

사슴벌레를 자식처럼 돌보는 아이들

사슴벌레가 유행한 적이 있다. 사슴벌레 통, 곤충젤리, 먹이목, 놀이목, 톱밥이 필요하다. 아이들은 왜 곤충을 좋아할까? 아이들은 직접 만져본 후로 더욱 관심을 갖고 집중해서 본다. 일어나자마자 잘 있는지 달려가서 인사부터 한다. 자식을 돌보듯 먹이도 주고 놀이목도 넣어주고 톱밥에서 냄새가 나면 한 달에 한 번 정도 톱밥도 갈아준다. 사슴벌레는 위험을 감지하면 턱의 집개를 최대한 벌린다. 사슴벌레는 보통 야행성이라 어두워지면 모습을 잘 볼 수 있다. 수컷 사슴벌레는 활동량도 많고 활발해서 놀이목에도 오르내리며 아주 활발하다. 암컷 사슴벌레도 한 마리 있는데 도무지 보이지 않는다. 암컷은 거의 흙속에서 생활한다. 사슴벌레 다리에는 날카로운 발톱이 있어 만지지는 못하게 하고 눈으로만 보라고 했다. 흙이 마른다 싶으면 분무기로 물도 칙칙 뿌려주고 곤충젤리를 먹이목에 끼워 준다.

장수풍뎅이에 더 관심이 있지만 성충으로 2개월 정도 산다고 해서 6개월가량 산다는 사슴벌레를 키우게 되었다. 사슴벌레를 보다 보면 벌레를 엄청 싫어하고 무서워했는데 어쩌다 내가 벌레를 키우게 되었는지 싶다. 여자는 약해도 엄마는 강하다고 했는데 엄마라서 그런 것 같다. 수컷 사슴벌레가 좀 더 멋진 것 같다. 아이들의 호기심을 충족시켜주고자 시작한 사슴벌레 키우기였는데 내가 요즘은 푹 빠져 있다. 우리 아이들이 사슴벌레를 자식 대하듯이 먹여주고 치워주고 관심으로 쳐다보고 사랑으로 키우는 모습을 보니 키우기를 정말 잘한 것 같다.

현중이가 중학교 2학년 때의 일이다. 친구랑 서울로 오디션을 보러 간다는 것이다. 걱정이 되어 데려줘야 하나 고민을 했는데 친구랑 가니까 걱정하지 말라고 했다. 글도 아니까 집은 찾아오겠지 생각하고 허락을 했다. 아침 일찍 서둘러 나갔던 현중이는 저녁 늦게 돌아왔다. 어땠냐고 했더니 아이들이 엄청 많이 왔고 자기들도 열심히 했지만 자기들보다 잘하는 아이들이 많았다는 것이다. 나는 스스로 느낄 수 있으면 스스로 느끼라고 한다. 내가 처음부터 어디를 간다고 하는데 반대한다고 아이들이 안 갈 것도 아니고 걱정된다고 반대만 하면 얼마든지 거짓말을 하고 갈 수도 있다는 것을 알기 때문에 아이들의 마음이 불편하지 않도록 하기 위해 노력한다. 스스로 찾아가고 도전해보고 주변과 비교해보라고 한다. 스스로 깨닫게 하는 것이다. 내가 서울이라 멀다고 반대했다면 미련이 남을 것이다. 하지만 도전해보고 자기의 실력이 많이 부족하다고 느꼈기 때문에 좋은 성과는 없었어도 즐거운 마음으로 나에게 얘기를 해주는 것이다. 나는 우리 아이들이 무엇을 하고 싶다고 하면 서로 얘기를 해보고 끝까지 최선을 다해보라고 응원해준다.

현중이가 4학년, 현철이가 2학년일 때 여름휴가를 이용해 경주 여행을 다녀 온 적이 있다. 경주는 신라 천년 고도의 역사를 간직하고 있고 볼 것도 많고 먹을 것도 많은 곳이다. 경주하면 생각나는 게 첨성대와 불국사인데 첨성대부터 구경했다. 선덕여왕 때에 세워진 현존하는 동양 최고의 천문대로 알려져 있다.

다음은 경주 안압지를 둘러보았다. 야경이 멋있다고 해서 저녁을 먹고 가 보았다. 안압지는 원래 나라의 경사가 있을 때나 귀한 손님을 맞을 때 이곳에서 연회를 베푸는 곳이었다고 한다. 물에 비친 모습은 정말 아름다웠다. 호수와 건물의 조화가 아름다웠다. 10시까지 개장이라 서둘러보고 나왔다.

문구점 언니의 뼈 때리는 육아 이야기

다음 날은 불국사로 향했다. 넓은 석조 계단 위에 문이 자리 잡고 있었다. 임진왜란 때 불타버린 것을 1628년에 재건하였다고 한다. 그 옆에 범영루와 좌경루가 있었다. 범영루는 '그림자가 뜬다.'라는 뜻을 가지고 있었다. 원래 범영루 앞에는 연못이 있었는데, 복원 대상에서 제외되어 지금은 없다고 한다. 예전에는 범영루가 그 연못에 비친 모습이 마치 극락정토의 모습을 연상시키는 것 같았다고 한다. 복원이 되었으면 더 좋았을 텐데 많이 아쉽다. 대웅전 앞에 있는 석가탑은 영축산 설법을 하고 있는 석가여래를 상징한다고 한다. 대웅전은 항상 가람의 중심이 되는 전당으로 큰 힘이 있어서 도력과 법력으로 세상을 밝히는 영웅을 모신 전각이라는 뜻이다.

불국사 관람을 마치고 석굴암으로 향했다. 오르락내리락 반복하다가 겨우 석굴암에 도착했다. 세계문화유산 석굴암은 사진촬영이 금지되어 있다. 석굴암은 토함산의 동쪽 해발고도 655m에 위치해 있다. 그래서 경주의 모습을 한눈에 볼 수 있다. 넓게 펼쳐진 마을과 산의 모습도 볼 수 있다.

마지막으로 경주박물관으로 갔다. 경주박물관에는 크게 신라역사관과 신라미술관, 월지관(안압지관)과 옥외전시장으로 나뉘어 있다. 소장된 유물은 8만여 점으로 그 중 3천여 점 상시 전시중이다. 경주박물관은 경주를 한자리에서 다 볼 수 있는 곳이다. 정말 신기했다.

현중이는 경주에 다녀와서 사회를 무척 재미있어 했다. 그리고 책에서 신라에 관련된 책들을 찾아 읽으며 봤던 곳이라고 좋아했다. 모든 것이 기억에 남았다고 했다. 하지만 현철이는 잘 기억이 나지 않는다고 했다. 현철이가 4학년이 되면 한 번 더 가서 보여주고 싶었는데 가지 못했다. 신라를 잘 알려주려면 신라에 대한 책을 보고 외우는 것보다 경주를 한 바퀴 돌아보고 책을 읽게 하면 더 많이 도움이 될 것이다. 역시 여행은 사회 과목을 잘할 수 있는 참 좋은 방법인 것 같다. 나는 사회를 못 했다. 관심도 없었다. 매일 외워야 하는 것이 너무 힘들었다. 하지만 지금 돌아다니면서 보고 기억한 것은 오래 기억에 남는다. 많이 보여주고 재미있게 보여줘야 오래오래 기억에 남는 것 같다.

최고의 놀이기구이자 학습 도구는 엄마다

식당에 가서 음식을 주문하고 기다리다 옆 테이블을 볼 때가 있다. 옛날에는 아이들을 데리고 식당에 가서 밥을 먹다 보면 밥이 입으로 들어가는지 코로 들어가는지 정신이 하나도 없었다. 요즘은 아이들이 있어도 아기 의자에 앉아 스마트폰으로 재미있는 동영상을 보고 있다. 음식이 나오면 스마트폰을 보느라 밥도 잘 먹지 않는다.

최고의 놀이기구이자 학습 도구는 엄마다. 하지만 집에서 아이들이 놀아달라고 징징거리면 스마트폰을 준다. 아이에게 최고의 장난감은 터치만 하면 영상이 나오는 스마트폰이 되었다. 그리고 공부하라고 한글과 영어 등 관련 있는 앱을 깔아 준다. 이제 스마트폰은 아이들을 통제하는 만병통치약이 되었다.

맞벌이 부부에게는 위치확인 시스템이 있어서 어린이 유괴 등 아이의 위치를 파악할 수 있다. 학교에 다니는 아이들과 언제나 통화가 가능하다. 하지만 스마트폰에 너무 노출이 되면 게임 중독, 시간 낭비, 독서량 감소, 창의력과 사고력 저하를 가져온다는 연구가 있다.

전통적인 교육 방식이 아이에게 효과적이라고 한다. 엄마와 따뜻하고 신뢰 있는 관계를 형성한 아이들이 정서가 안정이 된다. 아이들과 놀이와 경험을 많이 하는 게 좋다. 엄마는 아이의 수준에 맞게 놀아주고, 공원에 가서 같이 뛰어 놀아주는 노력이 필요하다. 엄마와 함께 몸을 부대끼며 하는 놀이를 통해 정서적으로 안정을 얻을 수 있다. 중학교 이상이 되면 스마트폰이 없으면 안 된다. 아이들은 소통하고 공유한다.

스마트 시대의 아이들은 자신의 존재를 인식하고 타인과 소통하는 통로를 마련한다. 그리고 가장 중요한 가치로 여기는 것은 개방성이 확장된 것이다. 인터넷 기술과 스마트 세대가 만나 소셜미디어가 만들어졌다. 소셜미디어란 생각, 경험, 관점 등을 서로 공유하는 온라인 툴과 플랫폼이다. 가장 대표적인 소셜미디어로는 소셜네트워크서비스(SNS), 팟캐스트, 위키 등이 있다. 스마트폰은 전화의 형태를 하고 있지만 음성과 데이터 통신, 무선 인터넷 등 개인용 컴퓨터의 기능을 가지고 있다. 언제 어디서든 원하는 정보를 검색할 수 있다. 남는 시간동안 심심하지 않게 즐길 수도 있다. 필요한 정보도 다운받고 메일 등을 확인할 수 있다. 자신의 필요에 따라 잘 활용한다면 손 안에서 또 다른 세상이 펼쳐질 수 있다. 스마트 기기를 스마트하게 잘 활용하고 있다.

그러나 그러한 재미로 자신의 주변에서 일어나는 일들에 무관심해졌다. 그리고 모든 것이 원하는 시간과 장소에서 가능하기 때문에 순서를 기다릴 필요가 없다. 전화번호도 단축번호로 기억해서 기억이 안 날 때도 있다. 우리가 해야 할 일들을 스마트 기기들이 대신해주고 있다.

정부가 아이들에게 전자 미디어를 사용하라고 권장하고 있다. 스마트 교육을 정책적으로 실시한다는 발표를 하고 계속 예산을 투자하고 있다. 교육부에서 이야기하는 스마트 교육은 우선 정보통신 기기를 기반으로 한다. 이러한 환경에서 학생들의 자기 주도적 학습이 이루어질 수 있다고 이야기한다. 결국 아이들이 교과 지식 외에도 스마트 기기와 관련한 다양한 정보 처리 기술, 시스템 사용 기술, 프로그램 활용 기술 등을 배워야 함을 의미한다.

아이들은 언제나 스마트폰을 활용해서 자신이 원하는 정답을 찾아낸다. 그러나 다른 사람의 지식을 찾아서 복사하는 것은 아이들의 지적 발달이나 성장을 가져오지 않는다. 교육이란 아이들의 잠재적 가치를 이끌어내고 가치를 키워나가는 것이다. 교육에서 늘 이야기하는 창의적인 인재가 필요한 시대이다. 다른 사람들에게 보여주기 위함이 아니라 사회에서 내가 스스로 살아가는 데 필요한 지식과 정보를 습득해야 한다. 스마트폰은 분명 우리 삶에 상당한 편리함과 개인에 긍정적인 효과를 가져다주었지만 독이 될 수도 있다. 올바른 스마트폰의 사용으로 아이들과 소통하고 새로운 세상을 보기 바란다.

05

아이가 생각을 표현하도록 도와주자

"사랑하고 사랑 받는 것은 양 쪽에서 태양을 느끼는 것이다."

- 데이비드 비스콧

미소와 웃음은 최고의 표현이다

어떻게 하면 자기표현을 잘하는 아이로 키울 수 있을까? 아이가 자기의 생각을 표현할 수 있도록 정서적으로 편안한 환경을 만들어주자. 아이들은 예민해서 엄마가 화가 나 있으면 무서워하고 눈치를 본다. 그러나 웃고 있으면 아이도 같이 따라 웃는다.

현중이가 5살 때 남편과 부부 싸움을 한 적이 있었다. 무슨 일로 싸웠는지는 기억이 나지 않는다. 새벽에 큰소리로 싸우고 있었는데 시끄러운 소리에 현중이가 깨어나 울기 시작했다. 얼마나 무서웠을까? 이러면 안 되겠다 싶어서 싸움을 멈추고 현중이를 재웠다. 그런데 가끔 현중이가 이유 없이 울었다. 왜 우는지 원인을 몰라서 물어보면 아무 말도 없이 울기만 했다. 이렇게 답답할 수가? 내가 뭐를 잘못했지? 현중이가 뭐가 불편하지? 원인을 모르고 지나갔다. 몇 번 반복이 되고서야 나는 알게 되었다. 내가 큰소리로 얘기만 해도 현중이는 울었던 것이다. 부부 싸움 했던 무서운 기억이 나서 엄마 아빠가 큰소리로 대화만 해도 싸운다고 생각했던 것이다. 우리는 우리가 모르는 사이 그냥 대수롭지 않게 지나갔던 사건들이 아이들에게는 오랫동안 기억된다는 것을 알아야 한다. 그 후로 아이들 앞에서 큰소리로 싸우지 않으려고 노력했다.

미소와 웃음은 최고의 표현인 것 같다. 못하는 표현도 잘 표현하려면 열린 마음이 중요하다. 그러므로 아이들이 늘 웃을 수 있는 환경을 만들어주고 자신감을 갖게 해주자. 감정을 표현하는 것이 감정을 푸는 유일한 방법이다. 자신이 지금 느끼는 감정에 대해서 글을 쓰거나 신뢰하는 사람에게 말을 하면 도움이 많이 된다. 그럴 때 저절로 표현하는 힘이 커진다.

아이가 생각을 표현하도록 도와주자. 요즘 엄마들은 아이들이 표현을 하지 않아 무슨 생각을 하는지 모르겠다고 답답해한다. 그럼 아이들과 어떻게 대화했었는지 한번 생각해보자. 사실 말을 하든 안 하든 그건 아이의 권리이다. 엄마의 일방적인 말들이 대화라고 생각한다면 큰 오산이다. 아이에게 완벽한 처방을 내려주고 싶어서 아이 앞에서 길고 긴 얘기를 혼자 하는 엄마들이 있다. 중학생만 되어도 아이들의 생각이 있기 때문에 엄마의 말이 맞는 말인지 아닌지 알게 된다.

이런 상황에서 엄마들은 계속 일방적인 말들을 하고 아이들은 자연스럽게 대화를 피하게 된다. 엄마가 대화 단절의 원인을 제공한 것이다. 아이들은 점점 더 엄마들과 대화를 하지 않으려고 한다. 지금부터라도 아이의 생각을 듣고 싶으면 먼저 많은 말을 하지 말고 아이들의 말에 귀를 기울여보자. 그리고 아이들이 관심 있는 얘기로 시작을 해보자. 연예인 얘기도 좋고 요즘 유행하는 옷도 좋고 친구들과 관심 있어 나누는 얘기가 무엇인지 물어보는 것도 좋다. 이렇게 얘기를 이어가다 보면 아이들이 마음의 문을 열고 얘기를 하게 된다.

아이들의 고민을 듣는다고 하더라도 엄마가 그것을 다 해결해줄 수는 없다. 중, 고등학교만 가도 아이들은 해결하지 못할 문제들을 경험하게 된다. 친구들 사이의 미묘한 갈등, 이성문제는 엄마가 안다고 다 해결할 수 없다. 아이가 친구들과 대화하면서 혼자 고민도 하고 성숙해지는 길밖에는 없다. 그냥 들어주는 것만으로도 중요하다.

아이들이 엄마와 대화를 회피하는 좋은 방법은 무엇이 있을까? '몰라요'가 대화를 끊는 데 가장 효과적이다. 아이가 말을 하기 싫어한다면 그냥 내버려두는 것이 좋다. 억지로 묻게 되면 마음의 문을 닫아버려 관계가 더 나빠진다. 아이가 말하기 싫다면 답답하더라도 조용히 기다려주는 게 더 나을 것이다. 그러다가 자기들이 답답하면 말을 걸어올 것이다. 그때 최대한 귀 기울여 들어주어라.

아이들은 처음 태어나면 온몸으로 표현한다

문구점을 닫고 아이들이 늦은 시간이지만 놀고 싶어 할 때 같이 학교에 갔다. 배드민턴을 들고 가기도 하고 축구공을 가지고 가기도 했다. 현중이, 현철이, 나는 3명이라 같이 배드민턴을 칠 수 없기 때문에 일단 2개를 가지고 갔다. 놀고 있는 아이들이 있으면 같이 놀면 되기 때문이다. 그날도 집이 가까운 아이들은 학교 운동장에서 줄넘기를 하는 아이들도 있었고, 훌라후프를 돌리는 아이들도 있었고, 운동장을 돌고 있는 어른들도 있었다. 나는 몸을 풀기 위해 운동장을 돌겠다고 했더니 현중이와 현철이는 축구를 하겠다고 했다.

처음에는 현중이가 골대를 지키고 현철이는 골을 넣고 10번 정도 하고 나서는 바꿔서 현철이가 골대를 지키고 현중이가 골을 넣으면서 놀고 있었다. 그런데 주위 친구들이 모여들면서 같이 축구를 하고 싶어 했다. 편을 갈라서 축구를 하기 시작했다. 아이들은 축구를 무척 좋아한다. 공 하나만 있어도 금방 친구가 된다. 축구는 몸싸움이 장난 아니다. 아이들은 골을 넣겠다고 승부욕이 발동해서 무척 열심히 축구를 했다.

그렇게 한참을 뛰다가 공만 보고 달려가다가 친구와 세게 부딪혔다. 아이들은 서로 엉엉 울기 시작했다. 얼른 쫓아가서 넘어진 아이들을 일으켜 세우면서 많이 아프지 하면서 안아주었다. 그랬더니 괜찮다고 울음을 멈추고 다시 축구를 하기 위해 뛰어갔다. 많이 아팠을 거 같은데 참고 다시 뛰기 시작했다.

아이가 넘어졌을 때 강하게 키우겠다고 쳐다보고 그냥 일어나라고 하면 아이는 서운해한다. 부모의 따스한 한마디가 아이들에게는 안정된 마음을 갖게 하고, 불안감과 두려움을 없애주고 스트레스에도 강하게 해준다고 한다. 엄살일지라도 아이의 감정적 호소를 받아주면 아이의 마음 회복력이 높아진다. 아이가 과장해서 엄살을 부려도 마음껏 표현하게 하는 것이 좋다. 그래야 심리적 회복 탄력성이 높아진다고 한다. 회복 탄력성이 높다는 것은 나쁜 기분이었다가 좋은 기분으로 빠르게 전환하는 능력이 좋다는 것이다. 우울한 감정에 휩쓸렸다가 금방 밝아지는 아이들을 생각하면 정말 기분이 좋아진다.

천둥과 번개가 치고 비가 엄청나게 오는 장마철에 현철이가 잠에게 깨서 울기 시작했다. 놀라서 달려가 안아주며 괜찮냐고 했더니 엄마가 옆에 있어서 이제는 괜찮다는 것이다. 나도 어릴 때는 천둥 치고 번개 치면 무서워서 밖에도 못 나가고 엄마 옆에 꼭 붙어 있었다고 얘기해주었다. 원래 어릴 때는 무서운 법이라고 했다. 하지만 조금 자라면 자연현상이고 나에게 아프게 하거나 그러지 않아서 괜찮다고 얘기를 했더니 공감했다. 아이들이 무서워하면 어떻게 해야 할까? 괜찮아질 때까지 충분히 안아주고 무서워하라고 하면 된다. 이런 감정을 엄마가 인정해주면 아이들은 훨씬 행복해하며 스스로 극복할 힘을 기르게 된다.

좋은 감정이든 나쁜 감정이든 아이가 감정을 있는 그대로 표현했을 때 진지하게 공감해주는 것이 중요하다. 아이들은 처음 태어나면 말을 하지 못하기 때문에 온몸으로 표현을 한다. 배가 고파도 울고 기저귀가 젖어서 축축해도 울고 나름 표현을 한다. 우리는 자연스럽게 그런 아이들의 행동을 보면서 밥도 주고 기저귀도 갈아주고 아이에게 집중하고 있기 때문에 바로 해결을 해준다. 그럼 아이는 기분이 좋아져서 웃는다.

이렇듯 유치원에 가고 학교에 들어가도 아이들의 표현을 무심히 넘기지 않으면 좋겠다. 아이들은 스트레스를 받으면 어떤 식으로든 표현을 하게 되어 있다. 평소와 다르게 짜증을 내거나 힘들어한다면 반드시 이유가 있다. 그것을 엄마가 몰라줄 때 아이는 떼쓰거나 고집을 피우고 과격하게 자신의 마음을 표현하게 된다. 그럴 때 엄마가 먼저 다가가 무슨 일이 있는지 물어봐주고 함께 공감하고 이해하는 시간을 가지는 것이 중요하다.

엄마가 자신을 이해해주고 있다고 느끼면 아이의 행동은 달라진다. 엄마가 먼저 엄마의 감정을 솔직하게 이야기해주자. "네가 얘기를 하지 않으면 엄마는 잘 몰라." 엄마에게 얘기를 해주면 좋겠다고 말을 해야 한다. 그런 후에 아이의 감정과 행동을 이해하고 대처해나가야 한다. 엄마가 아이의 감정과 행동을 이해하고자 하는 노력을 기울인다면 공감 능력을 갖춘 아이로 성장하게 된다. 공감할 줄 아는 아이는 다른 아이가 괴롭혀도 당하거나 친구가 아픈 걸 보고 안타까워할 줄 안다. 섬세한 배려로 타인의 마음을 움직이고 끌어당기고 설득시킬 줄 알기 때문에 원만한 인간관계가 형성된다.

애정을 주면 그만큼 돌려받고 싶어 한다. 자기 표현력은 21세기를 살아가야 하는 아이들에게 가장 중요한 네트워크 확장 도구이다. 남이 표현하는 것을 정확히 이해해야 자기표현을 제대로 할 수 있다. 표현하는 방법에는 여러 가지가 있다. 꼭 말로만 들으려 하지 말고 잘 관찰해보자. 몸으로 표현할 수도 있고, 말로 표현할 수도 있고, 글로 표현할 수도 있다. 아이가 생각을 표현하도록 우리는 아이들과 눈높이를 맞추고 대화를 해보자.

나는 어떤 엄마인지 생각해보자

"행동의 씨앗을 뿌리면 습관의 열매가 열리고, 습관의 씨앗을 뿌리면 성격의 열매가 열리고,
성격의 씨앗을 뿌리면 운명의 열매가 열린다."
- 나폴레옹

나는 세상을 다 가진 듯 기뻤다

우리 현중이가 처음으로 세상에 태어난 날, 나는 세상을 다 가진 듯 기뻤다. 아무런 준비도 없이 엄마가 되었지만 너무 신기하고 감동이었다. 현중이는 옥천에 있는 개인 병원에서 진료를 받았다. 그리고 그곳에서 아이를 낳으려고 했다. 진통이 와서 병원에 갔더니 양수가 먼저 터져서 위험하다고 수술을 하든지 대학병원으로 가든지 선택을 하라고 했다. 대학병원으로 간다고 하면 소견서를 써주겠다고 했다. 나는 처음이라 겁도 나고 어떻게 해야 할지 몰라서 고민을 하고 있었다.

문구점 언니의 뼈 때리는 육아 이야기

그런데 옥천 병원에 간호사로 근무하는 고등학교 친구가 아이가 작으니 수술하지 말고 대학병원에 가서 낳아도 될 것 같다고 얘기를 해주었다. 그래서 엄마와 대전에 있는 대학병원으로 갔다. 병원에 도착하니 오후 4시였다. 수속을 하고 분만 대기실로 옮겨졌다. 나처럼 대기하는 산모들이 10명 이상 누워 있었다. 바로 옆에는 분만실이 준비가 되어 있어 간호사들은 내진을 하고 바쁘게 시간을 체크하면서 순서가 되면 분만실로 옮겼다. 아이의 울음소리가 나면 한 명의 아이가 세상에 태어나는 것이다. 아프면서도 혼자가 아니라 많은 산모들이 같이 있어서 위로가 되었다. 그날 밤 창문 밖에는 엄청난 함박눈이 내리고 있었다. 잠이 들었다가 진통이 오면 깨서 눈 오는 풍경을 감상하다가 또 잠이 들었다가 진통으로 깨기를 반복하고 있었다. 나는 아이가 바로 나오는 줄 알았다. 세상이 노래져야 나온다고 하는데 처음 겪는 고통이라 알 수가 없었다.

그렇게 하루 진통을 하고 다음 날 4시에 현중이는 세상 구경을 하게 되었다. 그런데 태어나면서 태변을 너무 많이 먹고 몸무게가 2.7kg밖에 안 되어 위험하다고 인큐베이터에 1주일 정도 들어가야 한다고 했다. 나는 엉엉 울었다. 큰일은 없어야 할 텐데 걱정이 되었다. 하루에 2번 아이가 잘 있는지 볼 수 있었다. 아이를 안고 모유를 먹이고 싶었는데 그럴 수 없었다. 그날은 눈이 엄청 많이 왔다. 얼마나 많은 눈이 왔는지 차들도 마비가 되고 택시를 타고 겨우 병원에 와야 하는 상황이었다. 작은 새언니는 축하한다고 꽃다발을 사왔다. 친구들은 아이의 옷과 생일 케이크도 사왔다. 나는 병원에서 생일을 맞았다. 나랑 현중이는 생일이 이틀차이다. 자연분만을 하고 나는 퇴원을 먼저 했다가 1주일 만에 병원에 와서 현중이를 데리고 친정집으로 갔다. 엄마는 나에게 모유를 먹이려면 산모가 잘 먹어야 한다고 미역국을 하루에 7번 차려주셨다. 그때 먹은 미역국은 최고였다. 밥 먹고, 모유 먹이고, 아이와 잠이 들었다 일어나서 또 밥을 먹고, 모유 먹이고, 또 같이 자고, 그렇게 3주 동안 몸조리를 하고 서울 집으로 갔다. 그때는 아이와 정말 즐거운 시간을 보냈다. 문구점을 하기 전이라 하루 종일 아이와 눈을 마주하고 엄마라는 말을 듣기 위해 아이의 옹알이에 귀를 기울이고 아이의 모습에 집중하고 참 좋았다. 아이의 얼굴만 쳐다보고 있으면 이런 게 행복이구나 싶었다.

현중이가 태어나고 1년이 안 되었을 때 갑자기 대전으로 내려오게 되었다. 그리고 문구점을 하기 위해 여기저기 알아보고 다녔다. 주위에서는 아이도 어리고 아직은 힘들다고 다들 말렸지만 나의 상황은 무엇이든 하지 않으면 안 되었다. 두려웠다. 아이를 키우는 것도 처음이라 겁이 났고 문구점을 하면서 아이를 잘 볼 수 있을까 걱정도 되었다. 하지만 해야 했다. 나는 아이와 함께 처음으로 엄마라는 이름으로 같이 성장했다.

문구점을 어렵게 구하고 장사는 재미있었다. 친정집도 슈퍼를 했는데 그때와는 느낌이 달랐다. 너무 어렵게 시작해서 처음에 힘들었지만 하루

하루 아이들이 늘어나고 바빠지면서 즐거웠다. 남편은 도매점에 다녔는데 다음 날 필요한 물건은 퇴근하면서 가져왔기 때문에 혼자 장사를 해도 불편함이 없었다. 하지만 12월 연말이라 회사가 바빠서 퇴근 시간이 10시가 될 때도 있고 더 늦을 때도 있었다. 집에 와서 저녁을 먹었기 때문에 저녁 먹는 거 보고 다음 날 물건을 팔기 위해 가지고 온 물건들을 정리하다 보면 새벽 2~3시가 될 때도 있었다. 아침은 6시에 무조건 일어나 씻고 7시에 문을 열었다. 몸은 힘들어도 마음이 편해지기 시작했다. 현중이도 아직 돌이 안 되서 누워서 모유만 잘 먹이면 잘 놀았다. 얼마 후 현중이는 돌잔치를 하고 조금씩 걷기 시작했다. 걷기 시작하니까 정신이 하나도 없었다. 가게에 손님이 오면 따라 나오려고 하고 그냥 혼자 둘 수가 없어서 업고 장사를 했다.

그래서 둘째 계획이 없었다. 현중이를 데리고 문구점 하는 것이 나에게는 엄청 힘들었다. 남편은 퇴근 시간이 늦어서 거의 혼자 키우는 느낌이었다. 그래서 둘째는 생각도 안 하고 있었는데 임신을 하게 되었다. 입덧이 심해서 아침 장사를 마치고 오전에 잠을 자면 입덧이 좀 덜한 것 같아 그렇게 장사를 하다가 우리 현철이가 태어났다. 진통이 오는 시간까지 장사를 하다가 진통이 와서 다니던 병원에 갔다. 진통은 오는데 나올 생각을 안 하고 자꾸 거꾸로 서고 많이 힘들었다. 현중이 때는 모르고 낳아서 그런지 하루를 꼬박 진통을 했지만 지금처럼 아프지 않았다. 둘째가 더 쉬울 거라 생각했는데 허리로 진통이 와서 몸을 이러지도 저러지도 못하고 정말 죽는 줄 알았다. 원장님은 첫째도 아닌데 왜 그렇게 힘드냐고 하셨다. 분만실로 옮기고 기다리다 안 나와서 다시 분만 대기실로 갔다가 1시간 만에 다시 분만실로 옮기며 지금 안 나오면 위험해서 수술을 해야 한다는 것이다. 죽을힘을 다해 힘을 주었다. 나는 수술이 싫었다. 자연분만으로 낳고 싶었다. 그렇게 현철이가 태어나고 나는 친정집으로 몸조리를 하러 갔다. 현중이는 현철이가 신기했는지 꼬집고 심통을 부리기도 했다. 하지만 동생이라고 그렇게 하면 안 된다고 했더니 다음부터는 그러지 않았다.

현중이 때는 하나여서 몰랐는데 현철이를 보면서 현중이를 챙기려니 현중이가 안타까웠다. 현철이를 바라보고 모유를 먹이면서 잠이 들면 현중이는 뒤에서 나를 꼭 끌어안고 잠이 들었다. 현중이도 관심과 사랑을 받아야 하는 아이인데 얼마나 힘들었을까? 더 잘해주고 싶었지만 나의 체력은 바닥이고 계속 졸려서 그러질 못했다.

엄마는 아이와 내가 잘 쉬어야 한다고 현중이를 데리고 나가서 업어주고 놀았다. 엄마 보고 싶다고 울면 아빠는 시끄러웠는지 아이를 혼냈다. 그래서 엄마는 밖으로 나갔다 오고 그랬다. 3주 간 몸조리를 하고 나는 문구점으로 왔다. 현중이 때는 집에만 있었기 때문에 너무 좋은 시간을 아이와 보냈는데 지금은 현중이도 봐야 하고 현철이 모유도 먹여야 하고 손님도 봐야 하고 정말 힘들었다. 남편은 5개월 정도 쉬었다. 물건을 가지러 나가면 들어올 생각을 안 했다. 나는 둘을 혼자 키우는 느낌이었다.

최고의 응원자는 엄마이다

"나는 부모가 아니라 감시자였다. 아이를 살린 건 인정, 존중, 지지, 칭찬이었다."

이유남 작가님의 엄마 반성문에 나오는 말이다. 나는 이 책을 읽는 내내 혹시 나도 엄마가 아닌 감시자였는지 생각을 해보고 나도 그랬다는 것에 충격을 받았다. 우리 아이들을 인정해주고 존중해주고 지지해주며 칭찬으로 키워야 했는데 그러질 못했다.

엄마도 선행학습이 있으면 좋겠다. 아이들을 키우면서 처음 하는 엄마 역할이 쉽지는 않았다. 내가 커서 결혼을 하고 아이를 낳기 전까지 내가 잘나서 혼자 알아서 큰 줄 알았다. 처음 세상에 태어나 제일 많이 보고 가장 많이 배우고 가장 사랑했던 부모님을 잊고 살았다. 내가 아이들을 키우면서 아이들이 아플 때는 대신 아프고 싶어 했듯이 우리 부모님도 우리를 그렇게 키웠는데 그 사랑이 당연한 것인 줄 받기만 했다.

아이들이 힘들어할 때는 누구나 다 하는 일인데 뭐가 힘드냐고 혼내기만 했다. 아이들은 그때 얼마나 더 힘들었을까? 엄마가 힘들 때 위로되는 말, 힘 되는 말 한마디만 해 줘도 아이들에게 엄청난 힘이 된다. 살아가는 동안 하루하루가 행복했을 텐데 그러질 못했다는 것이 후회가 된다. 다시 돌아갈 수만 있다면 감시자로 살지 않고 인정해주고 존중해주고 지지해주고 칭찬해주면서 정말 하고 싶은 것이 무엇인지 꿈을 같이 찾아주고 꿈을 이룰 수 있도록 더 응원해주고 싶다.

지금 아이를 키우면서 어떻게 키워야 될지 몰라 고민인 엄마들에게 나의 책이 조금이라도 도움이 되면 좋겠다. 지난 시간은 돌리고 싶어도 시간은 절대 되돌릴 수가 없다. 지금 아이들을 키우는 엄마들은 책도 읽고 나름 공부도 하고 정말 똑똑하다. 내 아이가 가지고 있는 능력이 아닌 개성을 봐주고 절대 비교하지 말고 특별난 아이로 키우기를 바란다. 초등학교 때 잘한다고 성장해서 계속 잘할 수 있을지는 아무도 모른다. 잘하는 아이는 커서 잘할 확률이 높은 것이고 계속 잘하면 좋겠지만 언제 어떻게 될지 모른다. 그리고 초등학교 때 못한다고 성장해서 계속 못한다고 말할 수도 없다. 그래서 인생은 재미있는 것 같다. 지금부터 어떤 꿈을 꾸고 어떠한 노력을 하느냐에 따라 삶은 달라지고 아이들에게 엄마는 그런 꿈을 이루어나갈 수 있도록 옆에서 응원해주는 사람이다. 그리고 아이들의 최고의 응원자가 되어야 한다.

문구점 언니의 뼈 때리는 육아 이야기

우리 아이, 관찰하는 만큼 보인다

"이 세상에 당신을 쓰러뜨릴 사람은 아무도 없다. 당신의 신념이 굳게 서 있다면 말이다."

- 빌 게이츠

관찰하는 만큼 보이는 아이들

우리 아이, 관찰하는 만큼 보인다. 나는 아이들이 등교하기 전에 문구점을 열어야 하기 때문에 항상 일찍 밥을 먹었다. 그러다 보니 아이들은 학교에 일찍 가는 편이었다. 그런데 5학년이 된 현중이가 조금씩 학교 가는 시간이 늦어졌다. 지각은 아니니까 별 신경을 안 썼다. 하지만 아이들은 걱정이 생기면 말이 줄어들고 표정이 어두워진다. 그럴 때 엄마들이 아이들을 잘 관찰하다가 왜 그러는지 물어봐줘야 한다. 잘 웃던 아이가 웃지도 않고 이상하다는 생각이 들었다. 더 유심히 지켜봤지만 이유를 알 수 없었다. 한참을 지켜보다가 현중이를 불러 혹시 무슨 일이 있냐고 물어보았다. 처음에는 아니라고 했었는데 마음에 무슨 변화가 생겼는지 어렵게 얘기를 하는 것이었다. 선호가 같은 반이 되었는데 자꾸 괴롭힌다는 것이었다.

선호는 현중이랑 태권도도 같이 다니고 현중이랑 선수부 생활도 같이 하고 시합 나갈 때는 현중이보다 한 체급 높게 나간다. 그리고 소위 말하는 일진의 짱이었다. 그리고 학교에서 선생님들 앞에서 눈치가 빠르고 반장을 하고 있어서 선생님들이 심부름 같은 것도 잘 시키는 아이였다. 보통 선생님들이 심부름을 시키는 아이들은 인정받는 아이들이 많다. 그런데 그런 아이가 어른들 앞에서는 잘하는 척하면서 자기의 힘을 자랑하고 있는 것이다. 문구점을 하기 때문에 아이들의 친구들을 거의 알고 있었다. 그리고 나한테 인사도 잘하고 남들이 보기에 착한 척하는 아이였다. 왜 그럴까? 현중이가 자기랑 선수부도 같이해서 그런 건지 아무리 생각을 해도 알 수가 없었다.

살짝 괴롭히고 있어서 현중이는 스트레스가 이만저만이 아니었던 것이다. 수업 시간에 뒤에서 등을 긁고 청소 시간에 청소를 마무리하고 집에 가려고 하면 다시 어질러놓고 안 했다고 다시 하라고 하고 은근 표시 나지 않게 괴롭혔다. 하루는 현중이에게 맞장을 뜨자고 했다는 것이다. 현중이는 대답을 못 했다고 했다. 자기보다 키도 크고 힘도 세고 선수부도 같이하니 이길 수 없을 거 같은 생각이 들었다고 한다. 그리고 여기서 지면 더 괴롭힐 것 같았다고 한다.

나는 아이들이 싸우는 것을 싫어한다. 아이들 앞에서 싸우는 모습도 거의 보이지 않았다. 아이들 앞에서 그래야 할 것 같았다. 현중이도 내가 싸우는 것을 싫어한다는 것을 알고 이런저런 생각을 하면서 대답을 못 했다는 것이다. 생각해보면 현중이에게 싸우면 안 된다고 무조건 참으라고 가르쳤던 기억이 났다. 나 혼자 고민을 해봐도 답이 없었다. 그렇다고 선생님께 말씀 드리기도 그렇고 남편에게 얘기했더니 현중이랑 얘기해보겠다고 했다. 원래 남자아이들은 싸우면서 정도 든다고 심각하게 생각하지 않는 눈치였다. 하지만 옛날에는 그랬을지 몰라도 요즘은 다르다. 학교 폭력이 심각한 문제로 대두되고 있어서 나는 싸우지 않고 사이좋게 잘 지낼 방법이 없을까 생각했지만 별다른 수가 없었다.

1년을 참고 학년이 바뀌기를 기다리라고 하기에는 너무 큰 상처를 줄 것 같았다. 그리고 또 같은 반이 된다면 생각도 하기 싫었다. 해결은 해야 했다. 현중이랑 내린 결론은 일단 싸워라. 싸울 때는 선빵이 중요하니 선빵을 날려라. 이기고 지는 것은 싸워봐야 안다. 대신 얼굴 같은 치명적인 곳은 피하고 때려라. 그리고 싸움에서 지면 쉬는 시간마다 가서 이길 때까지 싸우라는 것이었다. 나를 건들면 끝까지 가만 안 둔다는 것을 보여주라는 것이었다. 참 우습기도 했지만 달리 방법이 없었다.

그 이후로 나는 현중이가 학교에서 끝나고 오기만 하면 싸웠냐고 물었다. 그러던 어느 날 선호가 또 맞장을 뜨자고 해서 운동장에서 만나기로 했단다. 아이들이 나와서 주위를 둘러싸고 모든 아이들도 결과가 궁금했을 것이다. 1대 1로 싸우고 싸운 후에는 아무에게도 책임 같은 것은 없는 것으로 얘기를 하고 싸웠단다. 처음에는 아빠가 얘기한 대로 선빵을 날려야 하는데 선빵을 날리지 못했단다. 그런데 선호가 현중이 얼굴에 선빵을 날렸고 얼굴을 맞는 순간 여기서 밀리면 계속 괴롭힘을 받는다고 생각하니 정신이 바짝 들었단다. 그래서 목덜미를 잡고 발을 걸어 넘어뜨리고 얼굴을 마구 때렸단다. 여기서 지면 안 된다는 생각으로 그렇게 때렸단다. 잠시 후 선호는 타임을 외치고 "잠시만 잠시만!" 하길래 멈췄더니 재빨리 일어나서 도망갔다는 것이다. 주위에 있는 아이들은 환호를 하고 현중이한테 대단하다고 하면서 난리가 났단다. 그렇게 싸움은 끝났다.

현중이는 집에 오자마자 신나는 목소리로 선호를 이겼다고 왜 처음부터 겁을 먹었는지 모르겠다고 스스로 대견해하는 눈치였다. 그 뒤로 선호는 절대 괴롭히지 않았다. 나도 기뻤다. 원래 엄마들은 맞고 오는 아이들보다 때리고 왔을 때 속으로는 흐뭇해한다. 하지만 내색은 하지 않았다. 그리고 당부했다. 앞으로 네가 힘이 세고 싸움을 잘하더라도 약한 아이들을 도울 때 그 힘을 써야지 아무데서나 힘 자랑은 하지 말라고 했다. 그랬더니 현중이는 걱정하지 말라고 했다. 나도 괴롭힘을 당해봐서 아는데 기분 나빴다고 먼저 다른 아이들 괴롭히는 일은 없을 거라고 했다. 학교에서도 별 문제 없었고 현철이한테 나쁘게 한 적이 없었다. 그리고 지금은 성인이 돼서 태권도 4품이 4단으로 바뀌었다. 더욱 조심해야 한다고 얘기해주었다.

고소공포증을 극복했다

시골에 농사일이 바빠서 도와주러 가기로 한 날이다. 추수를 할 때면 엄마, 아빠가 연세가 많아서 벼를 말려서 들여놓는 일은 쉬운 일이 아니다. 그래서 작은언니랑 우리랑 작은오빠가 와서 같이 도왔다. 시골에 갈 때면 특별한 일이 없으면 아이들을 데리고 간다. 아이들도 잘 따라 나선다. 그리고 시골에 가면 같이 도와준다. 작은언니는 형부랑 둘이 왔다. 기창이는 현중이보다 한 살이 적다. 그런데 게임을 무척 좋아한다. 집안 행사였으면 데리고 왔을 건데 그냥 시골 일하러 오는 거라 집에 있겠다고 했다는 것이다. 아마 밥은 배달 시켜먹고 게임하고 있을 거라고 속상해했다. 아이에게도 아이만의 사정이 있다. 아이가 관심을 보이지 않는 것은 지금하고 싶은 것이 따로 있기 때문이다. 같이하고자 한 놀이에 흥미가 없는 것이 아니고 지금 그것보다 더 중요한 일이 있다는 것이다. 기창에게는 시골에 같이 오는 일보다 게임이 더 좋았던 것이다.

현철이가 학교에서 쓰러졌다가 일어났다고 전화가 왔다. 엄마가 알고 계셔야 할 것 같다고 선생님이 전화를 주셨다. 다행히 지금은 정신을 차리고 양호실에서 쉬고 있는데 집에 조퇴를 해주려고 했더니 괜찮다고 해서 보내지 않았다는 것이다. 가슴이 두근거리기 시작했다. 당장이라도 학교에 가서 데리고 오고 싶었다. 하지만 현철이가 괜찮다고 하는데 야단법석을 떨면 안 될 것 같아 참고 기다리고 있었다.

아무 일 없었다는 듯 현철이는 밝게 웃으면서 가게로 들어왔다. 가만히 얼굴을 관찰하면서 왜 쓰러졌는지 물어보았다. 엄마가 걱정할까 봐 모르는 줄 알고 얘기를 안 하려고 했다는 것이다. 수업 시간에 개구리 해부하는 것이 있었는데 해부하는 모습을 보고 징그러웠다는 것이다. 그리고 기억이 없단다. 일어나보니 아이들이 깜짝 놀라 큰 소리로 자기의 이름을 부르고 있었고 정신을 차리고 나서는 양호실에 가 있다가 괜찮아져서 교실로 가서 계속 수업을 했다는 것이다. 지금은 괜찮으니까 걱정하지 말라고 했다.

현철이는 공포영화를 싫어한다. 나도 그렇다. 그때 충격으로 더 공포영화를 싫어할 수도 있겠다는 생각을 했다. 지금도 영화 장르 중에서 공포영화는 일단 빼고 고른다. 유쾌한 영화가 좋다.

우리 현철이는 고소공포증도 있었다. 중학교 2학년 때 36층으로 이사를 했는데, 처음에는 베란다를 확장해서 창가 쪽으로 가면 어지러웠다. 멀리 보면 산도 보이고 경치가 너무 좋지만 아래를 내려다보면 아찔했다.

문구점 언니의 뼈 때리는 육아 이야기

그리고 처음 이사 갔을 때는 50층짜리라 옥상에도 올라가봤는데 정말 죽을 것 같았다. 그래서 아래는 쳐다보지 않고 멀리 경치만 즐겼다.

그리고 현철이가 고등학교 1학년 때 가평 쪽으로 여름휴가를 간 적이 있다. 남이섬 들어가기 전에 가평탑랜드에서 번지점프를 도전했다. 멋지게 성공했다. 그 이후로 고소공포증을 극복한 것 같다.

지금은 나라의 부름을 받고 해군을 지원해서 해군 생활을 잘하고 있다. 갑자기 해군을 간다고 해서 깜짝 놀랐다. 대학교 2학년 1학기 때 주위에 친구들은 다 군대에 가는데 형처럼 의경을 가려고 몇 번 시도를 하다가 2차에서 떨어지고 육군은 지원자가 많아서 너무 밀릴 것 같아서 해군에 신청을 했다는데 한 달 만에 입대 결정이 나서 1학기 기말고사를 보고 휴학을 하고 친구들과 놀아보지도 못하고 1주일 만에 입대를 했다. 11년 만에 폭염이 와서 엄청 걱정을 했는데 군대에서 알아서 훈련을 시켜주시고 인터넷 카페에서 하루하루 훈련하는 모습을 올려줘서 안심하고 지낼 수 있었다. 벌써 내년 4월이면 제대를 한다. 시작이 반이라 했던가? 그렇게 시간은 빠르게 잘도 간다.

문구점 언니의 뼈 때리는 육아 이야기

4장

아이에게도
지금 가장 필요한
말이 있다

01

얘야, 꿈을 가지렴

"불가능이 무엇인가는 말하기 어렵다. 어제의 꿈은 오늘의 희망이며 내일의 현실이기 때문이다."

- 로버트 고다드

나는 선생님이 되고 싶었다

아이들아 꿈을 가져라. 새 학기가 되면 선생님들은 항상 꿈에 대해서 써오라고 했다. 나는 선생님이 되고 싶었다. 초등학교 1학년 때 김연화 선생님이 너무 좋아 선생님이 되고 싶었다. 처음 학교라는 곳을 다니면서 그 동안과는 다른 여러 가지 수업을 하면서 재미있었다. 초등학교 때는 키가 제일 큰 축에 들어갔다. 그때는 교실에 물이 없어 아침마다 끓인 보리차를 가져와야 했는데 나는 키가 컸기 때문에 항상 심부름을 도맡아 했다. 학교가 끝나면 바로 집으로 가지 않았다. 집에 가도 항상 엄마는 농사

일로 바쁘고 가게를 봐야 했기 때문에 작은언니가 끝나는 시간까지 학교에서 놀면서 기다렸다 같이 집에 갔다.

학교가 끝나면 선생님은 화장실 청소를 하셨는데 물 떠오는 일도 내가 맡아서 했다. 숙제가 있으면 숙제를 다 하고 또 숙제를 내달라고 졸랐다. 선생님도 그런 내가 좋았는지 항상 웃으면서 숙제 검사를 해주고 또 숙제를 내주었다. 지금 생각하면 유치원이 없었기 때문에 항상 한글 따라 써오기 숫자 1에서 10까지 10번 써오기 숙제가 있었다. 난 너무너무 재미있었다. 학교 가기 전에는 언니가 학교 갔다 오면 공책에 책을 보고 쓰는 것이 무엇인지도 모르고 따라 썼다. 지금 생각하면 그게 숙제였던 것이다. 나에게 숙제는 공부가 아니고 놀이였다. 학교를 다니게 되니까 아침에 일찍 일어나야 했다. 학교에 가면 수업을 하고 잠깐 쉬는 시간이 있었다. 집에서 한 번도 해보지 않은 친구들과의 활동은 나에게 너무 흥미로운 일이었다. 그래서 학교 전 기억은 별로 없는 것 같다.

여름 방학이 되었다. 방학 숙제로 선생님에게 편지 쓰기가 있었다. 그리고 받아쓰기, 만들기, 그리기, 일기쓰기 등 여러 가지가 있었다. 선생님은 가정 방문이 있었다. 하루는 선생님이 가정 방문을 해야 하는데 집을 잘 모르니까 같이 가자고 하셨다. 나는 즐거운 마음으로 선생님과 친구들 집을 방문했다. 방문을 하면 꼭 받아쓰기를 했다. 거의 모든 아이가 받아

문구점 언니의 뼈 때리는 육아 이야기

쓰기를 힘들어했다. 나 또한 받아쓰기는 싫었다. 받침 하나만 틀려도 띄어쓰기 한 곳만 잘못 해도 틀린다고 했기에 나에게는 교과서에 나오는 단어들이 너무 싫었다. 그렇게 가정 방문을 하다 보면 대부분의 가정은 엄마들이 거의 일을 해서 집에 안 계셨다. 점심 때가 되었을 때 방문하면 국수를 삶아주시는 집도 있었다. 라면을 끓여주는 집도 있었다. 지금은 라면이라 하면 웃을 수 있겠지만 내가 초등학교 1학년 때 라면은 다른 어떤 것보다 귀하고 맛있는 음식이었다. 그리고 때가 지나서 가면 시원한 사이다를 사다 주시는 분도 있었다. 그때는 사이다도 소풍 때나 삶은 계란과 빠지지 않고 싸주던 귀한 음료였다.

선생님을 따라 다니면서 선생님과 똑같이 귀한 대접을 받았다. 거의 모든 집을 가보게 되었다. 참 신기했다. 선생님이 왔다고 다들 집에서 제일 귀한 것을 대접했던 것이다. 난 그때 생각했다. 초등학교 들어가서 선생님이 우리를 열심히 가르쳐주셨던 것처럼 나도 선생님이 되어 글도 가르치고 훌륭한 일을 하는 선생님이 되어야겠다고 생각했다. 가정 방문을 했을 때 모든 엄마가 극진히 선생님을 대접하는 모습을 보고 선생님이 참 좋다고 느껴서 그때부터 선생님이 되고 싶었다.

그리고 거의 1년이 끝나갈 무렵 겨울 방학이 시작이 되고 긴 겨울 방학을 보내고 개학을 했다. 그때도 당연히 숙제가 있었다. 끝나는 끝부분이라 숙제를 안 해가도 된다는 생각으로 숙제를 다 하지 않았다. 그런데 선생님은 우리 반 아이들 하나하나 숙제 검사를 하고 숙제 안 한 개수만큼 막대기로 손바닥을 세게 때리셨다. 처음으로 선생님한테 맞아봤다. 너무 아프고 속상했지만 숙제는 꼭 해야 하는 것이라는 것을 알려주고 싶었던 것 같다. 그 이후로 숙제는 당연히 해야 하는 것으로 알게 됐다.

초등학교 1학년 때 김연화 선생님이 나에게 "너는 선생님이 될 수 있다."라고 항상 말씀해주셨다. 그때마다 나는 너무 신이 났고 선생님이 될 수 있을 줄 알았다. 그런데 초등학교 4학년 때 선생님은 다른 학교로 전근을 가셨다. 선생님이 전근을 가신 학교로 찾아가서 만나기도 했다. 선생님은 맛있는 쫄면을 사주셨다. 그때 쫄면 맛은 지금도 잊을 수가 없다. 옛날에는 먹을 게 정말 귀했던 시절이라 그때 선생님과 가정 방문 때 같이 대접 받은 라면, 사이다, 선생님이 사주신 쫄면은 평생 잊을 수가 없다. 그게 선생님과 함께 했던 추억이라 더 그런 것 같다. 그렇게 선생님하고는 고등학교 1학년 때까지 편지도 주고받았다. 그렇게 나와 선생님은 연락을 하고 지냈다.

그러다가 고등학교 성적이 떨어지기 시작한 이유로 나는 선생님께 약속을 지키지 못할 것 같은 생각에 죄를 짓는 거 같아 편지를 쓰지 않게 되었다. 선생님은 그냥 내가 건강하게 잘 자라주고 있는 모습이 좋았을 텐데 나는 괜히 죄송해서 더 이상 편지를 쓸 수가 없었다.

초등학교를 졸업하고 중학교를 가고 고등학교 입학 때까지는 제법 공부를 했던 거 같다. 하지만 입학 전과는 다르게 시간이 지날수록 나의 성적은 곤두박질쳤다. 수학 과학은 재미도 있고 성적도 좋게 나왔다. 하지만 국어 영어는 갈수록 성적이 형편없었다. 지금 와 생각해보니 기초가 없었던 것이다. 나는 그동안 책을 많이 읽지 않았다. 영어는 중학교에서 고등학교 넘어가는 순간 엄청난 양의 단어를 외우고 알아야 했다. 그런데 나는 주위 친구들이 영어학원 다닐 때 교과서만 외우고 있었다. 아버지는 중학교, 고등학교 참고서를 과목별로 다 사주셨다. 그것도 지금 생각하면 쉬운 일은 아니었는데 거의 학기가 끝날 때 참고서를 보면 깨끗했다. 그 책들은 학기가 끝나면 헌책방에 팔았다. 책방 아저씨는 새 책이나 거의 비슷한 책을 보시고 엄청 좋아하셨다. 나는 헐값에 팔았지만 아저씨는 새 책과 다름없어서 책값을 잘 받았으리라. 나는 동생도 없어서 그냥 팔았는데 지금 생각하면 정말 부모님께 죄송하다.

국어 선생님은 항상 수업 전에 다음 진도 나갈 교과서를 읽고 오라고 했다. 나는 책 읽는 습관이 없었기 때문에 항상 수업 시간에 교과서에 나오는 내용들을 이해할 수가 없었다. 영어 선생님도 다음 수업 시간에 교과서에 나오는 단어들을 미리 사전에서 찾아서 외우고 오라고 했다. 단어 하나하나 찾아서 외우고 이해하지 않았기 때문에 영어는 나에게 벽을 만들었다. 지금 생각해보면 책 읽는 습관이 있었다면 국어 교과서 미리 읽고 가는 것도 어려운 일이 아니고 교과서를 읽다가 모르는 단어가 나오면 참고서에서 읽어보고 뜻을 알고 갔다면 국어시간이 즐거웠을 것 같다. 영어교과서도 모르는 단어 참고서에서 찾아 외우고 학교 수업을 들었다면 영어도 재미있게 할 수 있었을 것 같다. 그때는 왜 해야 하는지, 어떻게 해야 하는지 몰랐다. 고등학교 국어와 영어는 모의고사 문제지에 지문이 엄청 많고 교과서에서 배우지 않은 지문도 많았다. 모르는 단어도 엄청 나왔다. 그러다 보니 대학 수능 시험 점수도 좋지 않았다. 나의 꿈이었던 선생님이 되는 것과는 거리가 먼 길을 가고 있었다.

우리가 살던 세상하고 지금은 너무 다르다

부모는 아이들에게 꿈을 가지라고 말한다. 하지만 부모가 원하지 않는 꿈을 얘기하면 부모 기준으로 그것은 돈이 안 되고 전망 없다고 반대한다. 공무원이 최고다. 대기업이 최고다. 검사가 최고다. 미리 정하고 공부시키지 않는지 잘 생각해보자. 그런 직업이 나쁘다는 것은 아니다. 아이 스스로 그런 직업이 좋아서 공무원이 되겠다고 열심히 공부하면서 꿈을 키운다면 괜찮다. 하지만 부모가 살아온 날들을 생각해보고 아이의 꿈이 뭔지 모르고 부모들 생각으로 공부시키지 말았으면 좋겠다는 것이다.

요즘 아이들은 크리에이터가 되는 게 꿈인 아이들이 많다. 우리는 사진 찍고 동영상 찍는 것에 익숙하지 않다. 하지만 아이들은 포노 사피엔스

세대라 그런지 휴대폰 다루는 솜씨가 장난 아니다. 손 안에 작은 컴퓨터인 스마트폰의 등장으로 신인류가 탄생했다. 호모 사피엔스는 지혜가 있는 인간이라면 포노 사피엔스는 스마트폰 없이 생활하는 것을 힘들어하는 세대 혹은 스마트폰을 신체 일부처럼 사용하는 인류를 말한다. 스마트폰을 자유자재로 다루고, 스마트폰 없이는 못 살기 때문이다. 그래서 아이들에게 스마트폰을 뺏는 것은 자유를 뺏는 것과 같은 것이다.

아이들은 스마트폰으로 모든 것을 한다. 친구와 소통하고 쇼핑도 한다. 공부도 한다. 자료 검색도 한다. 더 나아가 나라와 상관없이 친구를 만들고 우리는 상상도 못하는 많은 일들을 스마트폰으로 한다. 그렇기 때문에 물어보지 않으면 아이들이 어떤 꿈을 꾸고 있는지 알 수가 없다. 그리고 지금도 아이들에게 자기가 하고 싶었던 꿈을 강요하는 부모가 있다.

하지만 우리가 살던 세상과 지금은 너무 다르다. 그렇기 때문에 우리가 생각했던 꿀 직업을 강요하지 말자. 아이들이 더 넓은 세상을 보고 정말 원하는 꿈을 가질 수 있는 기회를 주자. 그리고 응원하고 믿어주고 지켜봐주자.

항상 새로운 것에 도전해봐

"위대한 일을 위해서 대단한 도전이 필요하지 않다.
단지 순간순간의 작은 도전이 모여 위대한 일을 이루어간다."
- 모션코치

새로운 것에 도전하는 아이들

나는 롤러장을 다닌 세대다. 그때는 롤러장 가서 신나는 음악에 롤러 타는 것이 얼마나 재미있는 일이고 특별한 즐거움이었는지 모른다. 지금도 롤러장 음악이 흘러나오면 그때 생각이 나서 어깨가 들썩거리고 흥얼흥얼 따라 부른다. 그때 모든 아이들이 롤러장을 다니지는 않았다. 우리 언니도 가지 않았다. 롤러 타는 게 무서워서 롤러를 배우지 못했다. 그런데 요즘 아이들은 인라인스케이트를 탄다. 누구나 할 것 없이 길거리에서도 헬멧을 쓰고 아주 잘 탄다. 나는 롤러는 타는데 인라인은 1줄이라서 그런지 타지 못한다. 요즘 아이들은 어쩜 그렇게 잘 타는 것일까? 초등학교 들어가기 전 아이들도 아빠 손을 잡고 배우고 혼자 타는 것을 보면 신기하다. 나는 아직 못하는데 아이들에게는 그게 자연스러운 일이다.

무주로 스키를 타러 간 적이 있다. 아이들이 아직 초등학교 저학년이라 잘 탈 수 있을지 걱정을 하고 스키장으로 출발을 했다. 입구에서 보는 스키장 설경은 정말 아름다웠다. 처음 타는 스키는 나에게 너무 어울리지 않는 옷을 입은 것처럼 불편했다. 아이들은 초등학교 저학년인데 알려주는 대로 잘 따라 하고 잘 타는 것이다. 나는 괜히 걱정했다는 생각이 들었다. 역시 애들은 운동 신경이 좋은 것 같다. 바로 중급 코스를 타는 것이다. 너무 신기했다. 난 몸이 내 맘대로 되지 않았는데 아이들은 자유자재로 타는 것이다.

초급에서 백날 타야 스키 못 배운다고 해서 중급에서 한 번 타고 내려오고 싶어서 엄마의 체면도 있고 해서 중급으로 리프트를 타고 올라갔다. 중급 위에서 내려다보는 아래의 풍경은 사람들도 엄청 작게 보이고 급경사라 아찔했다. 내가 할 수 있을까? 애들은 몇 시간 만에 배우고 한 번이라도 더 타겠다고 줄을 서고 있는데 못 한다고 할 수도 없고 정말 하기 싫었지만 내려가기 시작했다. 점점 속도가 붙고 내 맘대로 되지 않았다. 도저히 더 버틸 수가 없었다. 순식간에 넘어지고 스키발 하나가 빠져서 멀리 도망가고 정신이 하나도 없었다. 그래서 뉴스에서 스키 타다 무릎 부상당하는 사람들 심정을 이해할 수 있었다. 나도 조금 더 심하게 넘어졌으면 그렇게 뉴스에 나올 뻔했다. 스키발이 빠진 걸 알고 두리번거리는데 어떤 분이 갖다주고 여유 있게 내려가는 것이다. 나는 언제쯤 저렇게 탈 수 있을까? 부러웠다. 나도 연습하면 할 수 있을 거야. 나도 운동 좋아하고 운동 신경 좋으니까 꼭 잘 탈 수 있을 거라고 생각하면서 내려왔다. 얼마나 고마운지 고맙다는 말도 못했다.

그렇게 힘들게 내려오는데 한 30분 이상 걸린 것 같다. 오늘은 꼭 스키를 배우리라 다짐하고 다시 곤도라로 가는데 자유권이 없어졌다. 넘어지면서 빠져 도망갔나 보다. 이럴 줄 알았으면 단단히 고정시키는 건데 설마 넘어져서 빠져 도망갈 거라고는 생각도 못 했다. 다시 자유권 사서 타려고 하니 너무 겁이 났다. 여기저기 아프기도 하고 나는 더 이상 탈 수가 없었다.

우리 아이들은 스키 타는 것을 다 배웠다. 한 번이라도 더 타겠다고 열심히 뛰어서 줄을 서고 있다. 타고 또 타고 얼마나 재밌어 하는지 나는 결국 배우지 못하고 밑에서 놀다가 왔다. 아이들이 잘 타고 즐겁게 타는 모습을 보는 것만으로도 즐거웠다. 겨울만 되면 아이들은 스키장에 몇 번씩 간다. 하지만 나는 그날 이후로 한 번도 스키장에 가지 않았다. 스키를 타면 즐겁고 재미있을 텐데 가만히 있는 나에게는 너무 추웠다.

우리가 생각하는 것보다 아이들은 용감하다

현중이가 고3, 현철이가 고1 우리는 여름휴가를 가평으로 출발했다. 가평으로 휴가는 처음 가보았다. 가평에는 여름에 즐길 수 있는 수상스키가 많다고 해서 가봤다. 춘천 닭갈비가 유명해서 춘천 닭갈비 맛집에 가서 닭갈비를 먹고 남이섬으로 가기 전에 현철이는 가평탑랜드에 있는 번지점프에 도전했다. 예능 방송에서도 단골소재로 나올 만큼 인기가 많은 액티비티 레포츠였다. 높이는 약 55m 높이에서 줄 하나에 의지한 채 자유낙하로 떨어지는 짜릿함을 즐길 수 있다. 우리는 아래에서 쳐다만 봐도 아찔했다.

우리 현철이는 고소공포증이 있는데 잘할 수 있을까? 걱정은 되었지만 그런 현철이가 도전을 한다고 해서 놀랐다. 교관이 시키는 대로 도전을 외치고 잘 뛰어내렸다. 정말 도전하길 잘했다고 한다. 자기 스스로 대견하다고 생각하는 모양이다. 우리는 번지점프를 마치고 남이섬으로 향했다. 환상의 섬이었다. 남이섬의 나미나라공화국은 남이섬 위에 세워진 국가 개념의 특수 관광지로 전 세계 유일무이한 상상공화국이다. 나미나라공화국에는 국기와 국가, 문자, 화폐까지 존재한다는데 너무 재밌다.

나미나라공화국을 들어가는 방법은 2가지다. 짚 와이어를 타고 들어가는 방법과 배를 타고 방문하는 방법이다. 이곳은 봄에는 벚꽃길, 여름에는 푸른 숲길, 가을에는 은행나무길, 겨울에는 눈길을 거닐 수 있다고 한다. 우리는 여름이라 푸른 숲길을 걸으며 울타리에 구속되지 않은 청설모, 토끼, 공작새, 다람쥐, 거위 등의 다양한 동물을 만나볼 수 있었다. 또한 한식당과 이탈리안 레스토랑, 도시락 집, 닭갈비집 등의 식당이 섬 내에 위치하여 따로 먹을 것을 싸갈 필요가 없었다. 우리는 닭갈비를 먹고 들어왔기 때문에 여유롭게 숲길을 거닐며 드라마 〈겨울연가〉 촬영 장소로 알려진 메타세쿼이아길을 걸었다. 하늘로 곧게 뻗은 크고 웅장한 메타세쿼이아 나무가 일렬로 밀집되어 있는 푸른 산책길을 걸었다. 정말 좋았다. 그렇게 남이섬 구경을 마치고 이제는 본격적으로 수상스포츠를 즐기러 갔다.

남이섬에서 청평으로 향하는 자전거도로 건너편이 자라섬이다. 뜨거운 태양 아래 요란한 모터소리와 함께 수상스키 타는 모습이 보였다. 한 곳을 정하고 들어갔더니 패키지 놀이기구 선택 4종, 놀이기구 선택 5종, 놀이기구 선택 6종 선택이라 놀이기구 6종을 탔다. 이왕 타는 거 다 해보는 것이 좋을 거 같았다. 정말 어떠한 액티비티보다 시원하고 짜릿했다. 이 맛에 여름휴가를 바다로 안 가고 가평으로 오는 사람들이 많은가 보다. 나는 여름하면 바다가 최고라고 생각했는데 가평도 너무 재미있었다.

우리가 생각하는 것보다 아이들은 용감하다. 내가 두렵고 무서우면 아이들도 당연히 나보다 더 어리니까 두렵고 무서워할 줄 알고 못하게 하는 경우가 종종 있었다. 하지만 아이들은 우리가 생각하는 것보다 정말 용감

했다. 위험하게만 놀지 않는다면 아이들이 마음껏 배우고 마음껏 도전할 수 있도록 부모가 마음을 열었으면 좋겠다.

우리 현중이가 처음 태어났을 때 나는 서울에서 녹즙대리점을 했다. 그래서 우리 현중이에게는 모유를 1년 정도 먹이면서 녹즙을 티스푼 한 스푼씩 먹였다. 어른들도 먹기 힘든 명일엽녹즙, 케일녹즙을 먹였다. 처음 녹즙을 마시는 어른들도 먹기 힘들어하기 때문에 아이들에게 먹일 생각을 안 했다. 하지만 아이들은 아직 입맛이 발달이 안 되서 그런지 처음에는 먹지 않았는데 매일 조금씩 먹여보니 어느 순간에는 잘 먹는 것이다. 지금도 음식은 이것저것 가리지 않고 무엇이든 잘 먹는다. 초등학교 1학년 급식 시간에 김치를 제일 잘 먹는다고 선생님께 칭찬도 듣고 식습관 하나는 참 좋은 것 같다.

나는 식당에 가서 외식을 할 때도 아이들에게 반찬 하나씩은 꼭 먹어보게 한다. 한 번 먹어보고 맛이 없으면 안 먹어도 된다고 한다. 하지만 겉모습만 보고 처음부터 안 먹어보면 어떤 맛인지 평생 알 수도 없고 평생 편식을 할 수도 있기 때문에 꼭 한 번씩 먹어보라고 한다. 그래서 그런지 우리 아이들은 음식에 대해 편식을 하지 않는다. 엄마들도 똑같다. 내가 잘 먹지 않는 음식은 아이에게 먹으라고 권하지 못하고 결국은 편식하는 아이로 키우게 된다. 말로는 골고루 먹어야 한다고 하면서 엄마도 먹지 않는 음식을 아이가 어떻게 먹을 수 있을까? 요즘은 학교에서 급식을 해서 예전보다는 편식을 하지 않고 골고루 접할 기회가 많아졌다. 그래도 우리 아이들이 잘 먹고 잘 자라기를 바라면 엄마부터 편식하는 모습을 보이지 말고 뭐든 도전하는 모습을 보여주자. 그래야 아이들도 자연스럽게 도전하는 일이 쉬울 것이다.

현중이는 버섯도 잘 먹는다. 버섯 먹는 게 무슨 큰 자랑이라고 생각하는 엄마들도 있을 것이다. 하지만 처음에 우리 현중이는 버섯을 먹지 않았다. 자연산 송이를 선물로 받은 적이 있다. 나도 자연산 송이를 처음 먹어봤는데 생각보다 정말 맛있었다. 자연산 송이가 엄청 비싸다는 것을 알았다. 참 귀한 음식이라는 것을 알고 현중이에게 먹이고 싶었다. 처음에는 이상하게 생겼고 향도 강하고 안 먹겠다는 것이다. 한 번만 먹고 맛없으면 안 먹어도 좋으니 한 번만 먹어달라고 졸랐다.

외식할 때 반찬은 음식이라는 생각이 드니까 자연스럽게 한 번씩 먹는 습관이 있는데 자연산 송이는 현중이가 봐도 음식도 아니고 이상하게 생겼는데 엄마는 자꾸 먹으라고 하고 저렇게 부탁까지 하는데 어린 마음에 엄마의 간절한 부탁을 거절할 수가 없어서 먹어보겠다고 용기를 냈다. 그런데 먹고는 너무 맛있다고 또 달라는 것이다. 이래서 사람은 먹는 것이든 운동이든 해봐야 아는 것 같다. 음식도 먹어봐야 맛있는지 알고 운동도 해봐야 알지, 남들이 먹어보고 맛있다고 하고 운동도 해보니 짜릿하다고 100번 들으면 무슨 소용이 있겠나? 내가 직접 해봐야 제맛이지.

너는 괜찮은 사람이야

"남을 칭찬하면 자신에게로 돌아온다. 사람은 칭찬해주는 사람을 칭찬하고 싶어한다."

- 버나드 바루크

"너는 괜찮은 사람이야."라는 말을 듣고 싶어 하는 아이들

현철이가 고등학교 때 실버타운에 봉사활동을 간 적이 있다. 봉사 시간은 충분히 받아놔서 힘드니까 가지 말라고 했다. 하지만 리더십 동아리 친구들과 같이 가기로 했다고 괜찮다고 했다. 고등학교 때는 아이들이 시간이 부족해서 남는 시간에 잠이라도 더 자려고 한다. 특히 우리 현철이는 잠이 많은 편이다. 초등학교 때 편도비대증으로 편도와 아데노이드 수술을 해주었다. 하지만 고등학교에 가고 편도가 많이 자랐는지 잠잘 때 보면 코골이가 다시 심해져서 수술까지는 하지 않았지만 그래도 집중하지 못하면 어떡하나 항상 걱정이 되었다. 집이 멀어서 영수학원도 주말에 다니는 중이라 토요일에는 1시에 집에 오는데 일요일 아침에 9시까지 실버타운으로 가기 위해 일찍 일어나서 가는 것을 보면 다들 하는 공부고 고생이라고 했지만 너무 안쓰러웠다. 나는 그때 현철이에게 "너는 괜찮은 사람이야."라고 말해주었다. 그런데 생각했던 것보다 더 좋아하는 것이다. 속으로만 생각하다가 너무 기특해서 주말 아침에 해준 말인데 앞으로는 더욱 표현하면서 살아야겠다는 생각이 들었다. 실버타운에 가서 무슨 일을 하는지 물어보았다. 말동무도 해주고 안마도 해주고 급식을 도울 때도 있다고 했다. 말동무를 해드리면 할머니들이 엄청 좋아하시고 일요일을 많이 기다린다고 하신다. 아마 손주들 생각나서 그러시는 거겠지.

우리 아들들 공부시키고 군대 보내느라 벌써 현중이는 5년, 현철이는 3년을 떨어져 살았다. 원래 고등학교 때까지만 옆에 두면 더 이상은 같이 살 수 있는 시간이 없을 거라고 생각하고 그때까지 내가 옆에서 해줄 수 있는 일은 다 해주겠다고 생각하며 살았다. 정말 그렇게 됐다. 떨어져 지내도 너무 잘 지내줘서 고맙다. 우리 아들도 나에게 엄마는 항상 바쁘게 열심히 살아서 좋다고 한다. 다른 엄마들처럼 자기들만 바라보고 주말에도 언제 오냐고 하면 부담스러울 거 같은데 엄마는 항상 바빠서 그런 걱정은 안 한다고 한다. 자주 못 내려와서 죄송하다고 한다. 학교 다니면서 알바하고 학교 임원 활동하고 잘 지내줘서 더 바랄게 없다. 하지만 마음

문구점 언니의 뼈 때리는 육아 이야기

으로는 항상 보고 싶다. 그런데 정말 내색하지 않는다. "엄마, 뭐 하고 있어요?"라고 카톡이 오면 항상 책 읽느라 바쁘다고 한다.

그리고 유튜브 처음 보기 시작한 것도 우리 현중이 덕이다. 드라마만 열심히 보고 있을 때 유튜브에 유익한 게 많다고 추천해줘서 보게 되었다. 그러다 유튜브에서 신간 책 소개하는 동영상을 많이 보다가 책을 읽게 되었다. 책을 읽다가 〈한책협〉도 알게 되었고 지금은 내가 읽고 좋은 책이 있으면 아이들에게 추천해준다. 우린 이렇게 소통하고 있다. 그래서 그런지 요즘 나는 아들이랑 만날 때도 아들이지만 두근두근 설레고 좋다. 연애할 때처럼 좋다. 우리는 만날 때 날짜와 시간을 정하고 만난다. 그리고 맛있는 식사를 하고 설빙에 가서 빙수를 먹으며 그 동안 있었던 일들에 대해 얘기한다. 그리고 영화도 한 편 보고 그렇게 즐거운 시간을 보내고 또 저녁으로 맛있는 음식을 선택해서 먹는다.

같이 있는 동안은 서로 집중하고 최선을 다해준다. 계속 같이 있을 때는 그러지 않았다. 하지만 지금은 떨어져 있다 보니 그런 멋진 데이트를 하게 된다. 그 시간이 나에게는 얼마나 소중하고 좋은지 모른다. 그런데 항상 까먹는 게 하나 있다. 사진을 만날 때마다 한 장씩 찍으려고 하는데 자꾸 잊어버린다. 언제쯤 되면 자연스럽게 만날 때마다 기념사진을 남기는 좋은 습관을 들이게 될지, 습관이란 정말 노력하지 않으면 안 되는 것 같다. 그렇게 아들과 평행선을 유지하며 지내니까 서로 더 사랑하고 그리워하게 된다.

자식은 평생 짝사랑, 나도 부모님에게는 그런 존재였다

자식은 평생 짝사랑이라는 말이 있다. 정말 그 말이 맞는 거 같다. 나도 엄마 아빠에게는 그런 존재였을 거라는 생각이 든다. 가게 때문에 명절 때도 당일 날 갔다가 잠도 한 번 안 자고 왔었다. 그때는 정말 몰랐다. 그리고 나는 바로 위 언니보다 일찍 결혼을 했다. 혼전 임신이 되는 바람에 내가 먼저 결혼식을 급하게 올리고 집을 떠나왔기 때문에 막내지만 막내같지 않은 삶을 살았다. 주위에 가끔 막내라서 집에서 더 시집 안 보내고 싶다고 곁에 끼고 계시는 부모님을 봤고 다 떠나보내고 부모님만 계실 생각에 결혼은 안 하는 아이들을 봤는데 나는 몰랐다. 언니에게도 너무 미안했다. 순서를 바꾸지 않는 게 좋다는데 나는 그렇게 하지 못했다. 언니는 다음 해에 결혼을 했다. 그래서 나랑 언니는 지그재그로 아이를 낳았다. 우리 엄마는 우리의 출산 몸조리를 다 집에서 해주셨다.

지금 생각하면 4년 동안 언니와 내가 교대로 아이를 계속 낳았기 때문에 엄마는 쉬지 않고 우리의 몸조리를 해주신 거다. 하루에 밥을 7차례씩 차려주셨다. 다른 사람들은 시댁에서 몸조리를 하니 마음 편하지 않아서 많이 아팠다고 했다.

나는 우리 아이들을 둘 다 겨울에 낳았다. 몸조리는 잘하고 왔는데 가게에서 살 때라 세탁실이 밖에 있어서 겨울에는 빨래를 할 때마다 찬바람을 맞아야 했다. 너무 추운 날에는 밖에 있는 수도가 얼어 물이 나오지 않아 손빨래를 해야 했다. 처음에는 따스한 물로 하다가 많은 양의 빨래를 하다 보니 찬물이 나와 찬물로 그냥 빨래를 해야 했다. 그래서 그런지 아이를 낳은 달이 되면 감기도 아닌 것이 온몸이 빠지게 아프다. 그때는 며칠씩 꼼짝도 못 하게 아플 때가 있다. 나는 아파도 장사를 해야 했다. 장사를 했기 때문에 아무도 모른다.

그렇게 아플 때면 엄마 생각이 더 난다. 나도 겨울에 태어났는데 엄마가 항상 하셨던 말이 생각난다. "정미 막내를 겨울에 낳고 몸에 바람이 들어서 아프다."라고 했었다. 그때는 그게 무슨 말인지 몰랐다. 우리 엄마는 남편에게 한 가지 부탁을 하고 갔다. 정미 애 낳고 찬바람 쐬면 안 되니까 빨래만큼은 돌려달라고. 지금 같으면 엄마가 얘기한 대로 빨래만큼은 돌려달라고 했을 것 같다. 하지만 나는 그냥 내가 했다. 우리 엄마는 누구한테 부탁하시는 분이 아니다. 그런데 우리 엄마가 그렇게 부탁을 하고 갔을 때에는 이유가 있었던 것이다. 그때는 그 이유를 몰랐다. 나는 한참 후에 알았다. 엄마는 엄마처럼 아프지 않았으면 바랐던 것이다.

엄마는 전화를 하면 항상 그랬다. 잘 지내니까 걱정하지 말고 밥 잘 챙겨 먹고 애들이나 잘 키우라고 했다. 명절 때도 가게 오래 문 닫으면 안된다고 장사에 지장 있다고 어서 가서 장사하라고 했다. 우리 엄마는 큰오빠가 서른쯤에 장가갈 때 처음으로 예식 때문에 문을 닫았다. 그 전에는 엄마 아빠가 교대로 잔칫집을 가더라도 문을 닫은 적이 없다. 그만큼 가고 싶은 곳도 안 가시면서 열심히 장사를 했다. 내가 초등학교 다닐 때 운동회 날에는 항상 아빠가 학교에 오셨다. 엄마는 가게를 봐야 했기 때문에 운동회 구경도 하지 못했다.

그리고 마지막으로 내가 6학년 때 운동회에서 엄마랑 같이 달리는 게임이 있었다. 나는 걱정이 되었다. 우리 엄마는 분명히 오늘 오지 않았을 텐데 나는 항상 달리기 1등을 했는데 오늘은 할 수 없겠다고 실망하고 있었다. 다른 분이 손을 잡아주셨다. 꼭 나의 엄마가 아니어도 되었던 것이다. 그렇게 1등으로 달리고 있는데 갑자기 엄마가 앞에 계시는 것이다. 달리는 중에 바꿀 수도 없고 난감했지만 나는 그냥 달렸다. 1등을 하고 엄마가 있는 곳으로 갔더니 엄마는 오늘 달리기 경기를 보고 아빠가 자전거 타고 집으로 와서 빨리 가보라 해서 버스 타고 오셨던 것이다. 난 그것도 모르고 한 번도 엄마가 운동회에 온 적이 없어서 당연히 오늘도 안 왔다고는 생각에 다른 사람과 달린 것이다. 지금 같으면 다른 분과 교체를 해서라도 엄마랑 달려야 했는데 그렇게 엄마와 달릴 수 있는 기회를 놓치고 말았다. 아마 내가 마지막 초등학교 운동회라는 생각이 드셔서 오신 것 같다.

그리고 중학교 졸업식과 고등학교 졸업식에는 큰언니가 대신 참석했다. 졸업식도 안 온다고 화내고 짜증을 부렸는데 그때 우리 집은 방앗간을 하고 있었다. 설에는 가래떡을 하느라 정신이 하나도 없다. 꼭 졸업식은 명절 바로 전에 있었다. 방앗간은 명절 1주일 전부터 바쁘기 때문에 꼼짝 할 수가 없다. 나는 어렸기 때문에 엄마가 안 온 것만 서운해했다.

내가 고등학교를 졸업하고 명절 때가 되어 방앗간에서 떡 하는 모습을 봤는데 엄마가 없으면 안 되었다. 엄마는 명절에 그 며칠 반짝 버는 것이 다른 날보다 많이 벌기 때문에 자식들 졸업식도 한 번 참석 못 하고 그렇게 일만 하셨다. 그리고 나에게도 얼른 가서 장사 될 때 돈 벌라고 서둘러 보낸 것이다. 나도 명절 때가 다른 날보다 장사가 잘되었다. 엄마는 그것을 알고 농사지은 쌀과 들기름, 참기름, 된장을 바리바리 싸서 보내며 어서 가라고 하신 것이다. 그러다 보니 결혼하고 친정에서 하루도 자고 오지 않았다. 시끄럽게 모여 있다가 다 빠져나가면 얼마나 허전했을지도 몰랐다.

아이들을 떠나보내고 따로 살아보니 알 것 같다. 장가가면 더 그렇겠지. 지금은 둘이만 시간 맞추고 데이트하는 기분으로 만나는데 가정을 이루면 아이들에게 초점이 맞춰지고 다 그렇게 사는 게 인생인가 보다. 그속에서 우리 부모님이 우리를 어떤 마음으로 어떻게 키웠을지도 알게 되었다. 그래서 사람은 시집 장가를 가서 아이를 낳아봐야 철이 든다고 하는가 보다. 나는 너무 늦게 철이 든 것 같다. 좀 더 일찍 알았다면 좋았을 텐데 말이다.

스스로 행복하다고 생각하는 학생들이 부모에게 가장 듣기 원하는 말은 "너는 괜찮은 사람이야."라는 말이라고 한다. 아이의 자존감을 높여주고 주인공으로 살기를 원하는가? 그럼 지금 당장 아이에게 "너는 괜찮은 사람이야."라고 큰 소리로 자주 말해주어라. 아이는 행복해지고 정말 괜찮은 사람이 될 것이다.

04

지금 이 순간을 즐겨

"변명 중에서도 가장 어리석고 못난 변명은 시간이 없다는 변명이다."

- 에디슨

엄마와 처음 여행, 보라카이

지금 이 순간을 즐겨라. 2013년 2월 우리 자매들은 엄마를 모시고 보라카이를 갔다 왔다. 생각해보니 엄마와 같이 여행해본 것이 처음이다. 엄마는 시골에서 농사를 짓기 때문에 사계절 내내 바쁘다. 내가 초등학교때부터 고등학교 졸업할 때까지는 특용작물 딸기 농사를 졌다. 겨울에도항상 비닐하우스에서 딸기를 키우고 봄쯤 되면 출하하고 크고 잘생긴 상품성이 좋은 딸기는 모두 팔아야 했다. 우리는 작고 못생긴 딸기를 먹었지만 정말 맛있었다. 완전히 익었을 때 따먹기 때문에 시장에서 사 먹는 딸기와는 비교도 안 된다.

한 번은 내가 제일 좋아하는 초등학교 1학년 때 담임 선생님이신 김연화 선생님에게 아빠가 딸기를 갖다줬는데 전근 가서서 내가 옥천에 간 적이 있다. 그런데 김연화 선생님은 학교만 전근을 간 게 아니고 집도 대전으로 이사를 하셔서 드릴 수가 없었다. 그래서 그냥 가지고 올 수가 없어서 바로 옆에 사셨던 4학년 때 담임 선생님께 드리고 왔다. 고등학교를 졸업하고 딸기 농사를 접은 후에 엄마는 남의 집 깻잎을 따러 다녔다. 남의 집 일을 다니니까 하루만 빠져도 다시 그 자리 들어가기 힘들다고 쉬는 날 없이 일을 하셨다. 그래서 1박 이상 어디를 갈 수가 없었다.

그리고 내가 대학 다닐 때 우리 집에 3명의 대학생이 있었다. 우리는 학교에 가려면 3번을 갈아타고 학교에 가고 3번을 갈아타야 집에 올 수 있었다. 지금처럼 환승이라는 것도 없고 시골이다 보니 알바를 해서 용돈이라도 벌어야 하는데 할 수 있는 곳이 없었다. 그러다 대학교 2학년 때 주말 알바를 했다.

아버지는 경비를 다니셨다. 우리는 방앗간도 했고 동네 슈퍼도 운영했다. 하지만 시골에서 대학생 3명을 농사지으며 보내기는 힘들었을 것이다. 나는 아들이 2명인데도 대학 보내기 힘든데 우리 부모님은 얼마나 힘들었을까? 자식을 키워보니 알 것 같았다. 우리를 위해서 드시고 싶은 음식 안 먹고 하고 싶은 거 하지 못하면서 키웠겠구나 생각하니 정말 잘해

문구점 언니의 뼈 때리는 육아 이야기

드리고 싶었다. 그런데 사는 게 바빠서 이제야 엄마와 처음 여행을 간 것이다.

나도 외국으로 여행은 처음 갔지만 역시 여행은 휴식이다. 조식은 호텔에서 2시간 동안 여유롭게 먹고 아침 먹고 보라카이의 시내를 구경하고 점심 먹고 오후는 시간이 많으니까 바다로 나갔는데 정말 환상적이었다. 바다에 나가 호핑 투어를 하고 석양을 보았다. 이렇게 멋있을 수가 없을 정도로 정말 끝내줬다. 화이트비치에서 저녁을 먹고 다시 숙소로 돌아와 맛있는 과일을 먹었다. 호텔 수영장에서 수영하다 졸리면 들어가서 자고 또 다른 체험을 했다. 엄마가 음식이 입에 안 맞아 못 먹으면 어쩌나 걱정했는데 음식을 너무 잘 드셔서 다행이었다. 나는 그때 처음으로 두리안도 먹어보았다. 너무 부드럽고 맛있었다. 그 순간을 잊을 수가 없다.

보라카이 여행도 오남매가 다 같이 가려고 계획했다가 세 자매만 갔다 왔다. 다음에 오남매 모두 갈 수 있을 때 가야 하나 고민하다가 다음은 다음이고 이번에는 그냥 세 자매가 엄마 모시고 갔다 오기로 해서 어렵게 갔다 왔다. 그때 못 갔으면 엄마와 평생 여행 한 번 못 갈 뻔했다.

갑자기 심장마비로 돌아가신 엄마

엄마가 2017년 4월 26일 갑자기 심장마비로 돌아가셨다. 병원으로 옮기는 중이라고 새벽에 연락이 왔다. 바로 수술 들어간다고 다시 연락이 왔다. 나는 한고비 넘겨서 수술 들어가는 줄 알고 천만다행이라 생각하고 출발하려는데 돌아가셨다는 전화가 왔다. 믿을 수가 없었다. 너무도 건강했던 우리 엄마였다. 혈압약도 안 드시고 있었는데 어떻게 이렇게 허무하게 가실 수 있단 말인가 믿을 수가 없었다. 5일 전에는 외숙모가 돌아가셨다. 엄마 바로 위에 둘째 외숙모가 돌아가셨다. 거기서 엄마는 이모들과 옛날 얘기를 하면서 밤을 새고 다음 날 깻잎 따러 갔다 왔다는 것이다. 농사를 짓다 보니 이모들과도 많은 시간을 보내지 못 해서 아쉬웠는지 그냥 밤 옛날 얘기를 하면서 날을 새며 즐거운 시간을 보냈다는 것이다. 이모들도 줄초상 나는 줄 알았다.

우리 엄마는 이모들에게 엄마와 같은 존재였다. 막내이모와 우리 언니는 4살밖에 차이가 나지 않는다. 엄마는 너무 가난한 집의 첫 딸이었기 때문에 이모들을 업어 키우고 돌보는 엄마 같은 존재였고 5일 전에 밤새 얘기했는데 어떻게 이럴 수가 있냐고 아빠와 싸워서 돌아가신 줄 알았다고 했다. 항상 엄마는 바르고 친절하고 상냥하고 예쁜 분이었다.

그런 엄마였기에 나는 우리 엄마를 존경한다. 그리고 2017년 현철이는 대학에 갔다. 나는 생각한 게 있었다. 아이들이 둘 다 대학에 가면 이제부터는 엄마에게 좀 더 잘하자. 언니들은 집에만 있는데 막내인 내가 아이들과 너무 힘들게 산다고 항상 걱정을 많이 하셔서 항상 죄송스러웠다.

좋아서 하는 일이니까 걱정하지 말라고 얘기했지만 그래도 항상 걸리는 자식이었다는 것을 알기에 잘 사는 모습 보여드리려고 2017년 여름에 무슨 일이 있어도 엄마랑 제주도를 가려고 했다. 그런데 엄마는 기다려주지 않았다. 참 후회된다. 부모는 기다려주지 않는다고 하는데 남의 얘기인 줄 알았다. 우리 엄마는 건강하다고 생각했기에 79세라는 것을 잊고 살았다. 엄마는 제주도를 한 번도 못 갔다. 그것이 제일 마음이 아프다. 그렇게 엄마는 나의 곁을 갑자기 떠나고 아빠는 2년 동안 혼자 계시는데 2년 전보다 반쪽이 되었다. 그리고 폐암을 앓고 계신다. 처음에 병원에 가서 폐암 진단이 나왔을 때는 아빠도 바로 엄마 따라 가실 줄 알고 걱정했다. 나이 들수록 암세포는 더디게 퍼진다고 하더니 걱정한 것보다는 잘 버티고 계신다.

가장 중요한 순간은 언제일까? 나에게 가장 중요한 순간은 지금이고 우리 아이에게도 가장 중요한 순간은 지금이다. 세상에서 가장 공평하게 주어지는 것은 누구에게나 똑같이 주어지는 하루라는 시간이다. 시간은 한 번 흘러가면 그뿐이다. 시간은 절약할 수도 없다.

나는 우리 아이들에게 20살이 넘었으니 너희가 하고 싶은 것을 하라고 한다. 지금 이 순간을 즐겨라. 지금 아니면 언제 해보겠느냐고? 나이가 더 들어 결혼이라도 하게 되면 가족을 책임져야 하기 때문에 지금처럼 하고 싶은 것이 있어도 마음대로 할 수 없으니 지금 하고 싶은 것이 있으면 꼭 해보라고 한다. 지금 몇 년이 엄청 긴 시간 같지만 엄마가 살아온 날들을 뒤돌아보면 지금 몇 년쯤은 점에 불과하다고 얘기해준다. 그래서 남들이 취업한다고 빨리 취업해야 된다는 급한 생각하지 말라고 한다. 정말

하고 싶은 꿈을 찾는 데 집중해서 후회 없이 살라고 한다.

지금까지 학교만 다니느라 여러 분야의 경험도 많이 없어서 선택의 폭이 좁은데 시간이 지나 너무 하기 싫은 일을 하고 있으면 나중에 후회하게 될 것이다. 한 번 지나간 시간은 되돌릴 수 없으니 차라리 지금 많이 경험해보고 꼭 하고 싶은 일을 찾아서 끝까지 즐겁게 즐기기를 바란다고 한다. 그럼 우리 아이들은 엄마는 다른 엄마들과 다르다고 말한다. 학교 친구들 엄마들은 대부분 아이들이 하는 것에 항상 태클 걸고 못마땅해하는데 엄마는 항상 우리를 응원해주니 고맙다고 한다. 사실 나도 클 때 엄마에게 그런 말을 듣고 싶었다. 그렇기 때문에 우리 아이들에게 그런 말을 하는 것 같다.

아직도 내 눈에는 아들이 아기로 보인다. 아마 내가 80세가 되어도 내 눈에는 아기로 보이겠지. 하지만 내가 계속 아기로 보고 이래라저래라 하면 안 될 거 같아서 더 어른스럽게 대해주고 있다. 지켜보면 정말 많이 성장했구나 싶은 생각이 든다.

현중이 키울 때 너무 FM이라고 걱정을 많이 했다. 첫째다 보니 항상 졸졸 뒤를 따라다니면서 "이거 하면 안 된다, 저거 하면 안 된다, 음식을 먹을 때 흘리지 마라. 옷에 음식물이 묻지 않게 조심해라."라고 그렇게 잔소리를 하면서 키웠는데 장사를 하면서 현철이가 태어났다. 그때는 아이들 2명을 돌봐야 했다. 손님이 있을 때는 안에서 흘리면서 밥을 먹든 이불

문구점 언니의 뼈 때리는 육아 이야기

에 빨간 매직을 가지고 그리든 신경을 쓸 수가 없었다. 그랬더니 현중이가 현철이를 쫓아다니며 흘리면 치워주고 이불에 빨간 매직으로 그림을 그리면 이러면 안 된다고 혼내고 있는 것이었다. 그때 알았다. '내가 우리 현중이한테 저렇게 했구나. 앞으로는 혼내지 말아야지.'

우리 현중이는 가끔 나에게 이벤트를 많이 해줬다. 꽃을 선물하기도 하고 도시락을 만들어서 먹으라고 가져다주었다. 수능이 끝나고 시간이 많아지자 설거지도 해놓고 청소도 해주고 빨래도 해주고 집안일을 시키지 않아도 해주었다. 장사 끝나고 와서 할 테니 안 해도 된다고 하는데도 시간 있을 때 도와주겠다고 그렇게 도와주었다. 처음 서울로 혼자 보낼 때는 잘할 수 있을까? 걱정이 엄청 되었는데 그때 알았다. 나름 떨어져서 잘살 수 있겠구나 안심이 되었다. 그렇게 혼자 생활하는 현중이는 청소도 잘하고 정말 생각한 것보다 잘 생활하고 있다.

지금은 군대까지 갔다 와서 말할 것도 없이 잘 살고 있다. 학교생활도 너무 재밌게 잘하고 있다. 현철이는 그런 형 밑에서 형이 시키면 시키는 대로 잘 따르며 둘째의 몫을 잘했다. 형이 라면 좀 끓여달라고 하면 바로 끓여 바치는 착한 아이다. 그래서 우리 집에서는 현철이가 라면을 제일 잘 끓인다. 나와 형이 라면이 먹고 싶다고 하면 2개를 끓이지 않는다. 그럼 맛이 없다고 1개씩 끓여준다. 나는 귀찮아서 그냥 끓이는데 우리 현철이는 그러지 않는다. 주말 아침에 힘들어서 늦잠을 잘 때면 아침을 준비하고 먹으라고 해주는 자상한 아들이다. 고등학교 소풍 때 나는 바빠서 김밥만 싸주겠다고 했더니 신경 쓰지 말라고 했다. 스파게티를 만들고 너겟을 튀기고 불고기를 볶고 알아서 도시락을 싸서 갔다. 친구들이 자기가 해 간 음식을 가장 먼저 싹쓸이했다고 좋아한다. 가끔 친구들과 집에 와서 놀다가 배고프면 떡볶이도 해 먹고 가위바위보로 설거지까지 깨끗하게 해놓고 간다. 친구들이 놀러와서 놀다가도 나는 부담이 없었다. 내가 같이 집에 있어줄 수 없어서 미안했는데 나름 이렇게 친구들과 재미있게 잘 지내줘서 얼마나 고마웠는지 모른다. 지금은 해군으로 하루하루 잘 지내고 있다. 이렇게 하루하루 즐기면 되는 거 아닐까? 지금 이 순간을 즐겨라. 지금 소중하게 주어진 이 순간에 최선을 다하고 즐기다 보면 미래는 아름답게 다가올 것이다.

문구점 언니의 뼈 때리는 육아 이야기

엄마도 네가 있어 행복하단다

"아마도 나는 너무나도 멀리서 행복을 찾아 헤매고 있나 봅니다. 행복은 마치 안경과 같습니다. 나는 안경을 보지 않습니다. 그렇지만 안경은 나의 코 위에 놓여 있습니다. 그렇게도 가까이!"
- 쿠르트 호크

현철이가 사라졌다. 악몽이었다

아이들이 학교가 끝나고 단체로 가게에 들어왔다. 문구점 앞에 미니카 레일을 깔아놔서 경주를 신나게 하는 아이들이 있고 안에는 오늘도 어떤 미니카를 살까 고민하고 있는 민호가 눈을 반짝반짝 거리며 미니카를 고르고 있다. 종류가 많다 보니 다 사고 싶지만 그중에 하나를 고르고 계산을 하고 나에게 조립해달라고 부탁을 하고 밖에 나가 미니카 경주를 구경하고 있다. 나는 미니카를 맞추느라 정신이 없다. 집중해서 맞춰야 한 번에 불량 없이 잘 맞출 수 있기 때문에 온 신경을 미니카 조립에 집중하고

30분 정도 시간이 흘러 민호에게 미니카를 건넨다. 약을 넣고 전원을 켜니 시끄러운 소리를 내며 잘 달린다. 남자아이들은 차를 엄청 좋아한다. 종류별로 사고 싶어 한다.

현철이는 비디오를 좋아한다. 아직 5살이라 내가 데리고 있는데 아이들이 끝나는 시간에는 파워레인저 비디오를 틀어주고 나는 장사를 한다. 보고 또 보고 정말 다음 장면이 어떤 장면이 나올지 알면서도 항상 악당을 물리치는 파워레인저가 좋은가 보다. 미니카를 맞춰주고 한바탕 아이들이 지나가고 한가해져서 현철이가 방에서 비디오를 잘 보고 있겠지 생각하고 방을 봤는데 현철이가 없었다. 밖에 아이들이 미니카 경주를 하니까 다른 때처럼 시끄러운 소리에 밖으로 나가서 형들 사이에 미니카 구경을 하고 있겠지 밖으로 나가봤는데 거기에도 없었다.

가게를 중심으로 50m 안에 왼쪽과 오른쪽에 슈퍼가 있다. 나는 가끔 현철이를 데리고 슈퍼에 가서 먹고 싶은 것을 사주고 같이 장을 봤다. 혼자 어디를 가더라도 왼쪽과 오른쪽에 있는 슈퍼 이상은 가지 말라고 말했다. 혼자 슈퍼에 갔나 싶어서 슈퍼를 가봤다. 거기에도 없었다. 점점 시간이 지날수록 불안해지기 시작했다. 혼자 갈 수 있는 곳은 다 가 봤는데 거기에 없으면 도대체 어디를 갔단 말인가? 가게 옆에는 칼국수 집이 있었다. 옆집 형부는 배달을 주로 하는데 현철이가 없어졌다는 소리를 듣고 멀리 안 갔을 거라고 걱정하지 말라고 하면서 오토바이로 찾아보기 시작했다. 그런데 아무리 동네를 몇 바퀴 돌아도 현철이는 찾을 수가 없었다. 가게 앞에 애들은 하나둘씩 집으로 돌아가고 5시쯤 현중이가 학원에서 돌아오고 현중이를 보는 순간 현철이 생각이 나서 그때부터 울기 시작했다. 내가 우니까 현중이는 왜 그런지 이유도 모르고 따라 울기 시작했다. '어떻게 된 거지? 어디로 갔지? 내가 정신이 있는 거야? 없는 거야? 아무리 바빠도 현철이를 항상 챙기며 장사해야 했는데 도대체 어디 있는 건지 알 수가 없었다. 경찰에 신고를 해야 하나? 그게 빠르겠지.'

경찰에 신고를 하고 경찰들도 찾기 시작했다. 하지만 연락이 없다. 6시쯤 되었는데 앞집 2층에 사는 언니가 빵집을 하는데 아이들 저녁 주려고 집에 왔다. 모르는 아이가 집에서 자고 있다고 얘기를 하는 것이었다. 나는 온몸에 힘이 다 빠져 2층을 올라갈 수가 없었다. 주인아주머니가 앞집 2층에 올라가보니 우리 현철이가 맞았다. 자는 현철이를 업고 내려왔다. 우리 현철이는 영문도 모르고 자고 있다. 우리 현철이를 보는 순간, 우리 아이들에게 매일 사랑한다고 얘기했지만 나에게 그 몇 시간은 정말 악몽이었다. 그리고 느꼈다. 정말 아이들 없이는 못 살 것 같았다. 엄마도 네가 있어 행복하다.

내 아이가 어떤 모습으로 살기를 바란다면 그런 모습을 보여주자

우리 현철이는 유난히 감기에 잘 걸렸다. 태어난 지 8개월 만에 급성폐렴이 와서 병원에서 1주일 입원을 했다. 돌이 지나면서 감기에 잘 걸려 동네 내과에 갔다가 1주일 이상씩 낫지 않으면 다른 이비인후과에 가서 약을 타다 먹다가 또 감기가 오면 다른 병원에 가서 약을 처방받아 먹고 그때 뿐이었다. 나는 문구점을 하면서 현철이를 낳았기 때문에 먼지 때문인 줄 알았다. 나도 처음 장사할 때는 먼지 알레르기 때문에 비염을 달고 살았다. 하지만 환경을 바꿔줄 수가 없어서 감기가 오면 병원만 열심히 데리고 다녔다.

한 달 이상 감기가 떨어지지 않아 다른 병원으로 진료를 받으러 갔다. 원장님이 감기가 그렇게 걸리는 것은 편도가 비대해서 그럴 수 있다고 큰 병원 가서 검사를 한 번 받아보라고 말씀해주셨다. 그래서 대학병원에 가서 진료를 했더니 편도비대증과 아데노이드가 남들보다 커서 그렇다는 것이다. 항상 잘 때면 코를 엄청 골았다. 12시간 이상 자야 일어났고 낮잠을 3~4시간씩 자야 했다. 다 숙면을 못하기 때문에 잠을 많이 자도 늘 피곤하고 집중도 잘 못한다는 것이다. 수술하는 방법이 있다고 해서 초등학교 1학년 때 편도와 아데노이드 제거 수술을 했다. 수술하고 1주일 동안 아무 것도 삼킬 수가 없었다. 열이 나면 안 된다고 해서 아이스크림만 먹을 수 있었다.

어른들도 1주일 동안 아무것도 못 먹으면 얼마나 참기 어려운 일인가? 배고프다고 해서 먹을 것을 주면 먹다가 목에서 걸리는지 사레들리고 재채기를 하면서 피와 함께 음식물을 토하고 정말 안쓰러워서 죽는 줄 알았

문구점 언니의 뼈 때리는 육아 이야기

다. 편도와 아데노이드를 제거하고 목에 상처가 많이 났을 것이다. 상처가 다 아물 때까지는 아무것도 삼키지 못하고 아프니까 얼마나 괴로웠을까? 보는 엄마도 힘든데 얼마나 더 힘들었을까? 다시는 수술을 안 하면 좋겠다. 초등학교 들어가서 지금처럼 많은 시간 동안 자면 학교생활에 지장이 있을 거 같아 걱정했다. 수술을 하고 많이 좋아져서 얼마나 다행인지 모른다. 몸이 성장하면서 사춘기가 되면 몸과 같이 편도가 다시 커지면서 재발할 수 있다고 했다. 재발하면 다시 수술해야 할 수도 있다고 했다. 아직 재수술은 하지 않았다. 코골이가 엄청 심했는데 처음 수술하고 나서는 많이 조용해졌다. 그러나 지금은 편도가 다시 많이 커졌는지 코골이가 심해졌다. 그러나 전처럼 힘들어하지 않아 다시 수술하지 않았다. 전신마취를 하는 게 더 나쁜 것 같아서 다시는 하지 않았다.

현철이가 서울에 있는 대학에 합격 발표가 나고 기숙사를 신청하려고 했다. 그런데 방을 얻고 싶다고 했다. 이유는 코골이가 심해서 기숙사에 들어가면 같은 룸메이트에게 피해를 줄 수 있다는 것이었다. 현철이는 형이랑 성격이 달라서 음식을 해 먹는 것은 잘했다. 치우는 것은 힘들어했다. 가끔 내가 집에 가면 치워주고 왔다. 현중이도 가끔 휴가 와서 집에 가면 치워주고 온다는 것이다. 우리 형제는 둘이 같이 있을 때 시너지가 나는 것 같다. 현중이는 청소 잘하고 빨래 잘하고 현철이는 음식을 잘 해 먹는다. 그래서 같이 있으면 서로 분업해서 잘한다.

나는 먼지 알레르기가 있어 겨울만 되면 비염 때문에 고생을 했다. 아이를 등에 업고 병원에 가서 주사 맞고 약 먹고 현철이가 감기가 걸리면 병원 가서 치료하고 약 먹이고 정말 교대로 병원을 내 집처럼 들락거렸다. 그때는 정말 힘들었다. 그렇게 힘들 때 우리 현중이는 아픈 곳 없이 건강하게 잘 자라주었다.

　현중이는 초등학교 1학년 때 수술을 했다. 가벼운 감기 한 번 안 걸리는 우리 현중이가 잠복고환이었다. 나는 성장하면 괜찮아지는 줄 알았다. 어디 물어보기도 어려워서 그냥 그렇게 시간이 흘러 초등학교 1학년이 되었다. 목욕탕에 가면 자기가 다른 아이들과 다르다는 것을 알고 걱정을 하기 시작했다. 처음에는 나에게 말도 안 했다. 그런데 하루는 심각하게 얘기하는 것이다. 다른 아이들과 다르다고 혼자 고민을 많이 한 것 같다. 어리게만 생각해서 고민을 했을 거라고는 생각도 안 했는데 많이 고민했다는 것이다. 이렇게 무식한 엄마가 있을까? 아이가 고민하고 있는 것도 모르고 그냥 크면 되는 줄 알고 있었으니 정말 미안했다.
　병원에 갔더니 어렵지 않은 수술이고 그런 경우가 많다고 하시는 것이다. 추를 매달아서 내려오게 하면 된다고 걱정 안 해도 된다는 것이다. 이렇게 수술해도 되는 거였다면 좀 더 어릴 때 진작 해줄 걸 후회가 됐다. 이렇게 우리 아이들은 한 번씩 수술을 했다.

나는 우리 아이들이 있어 행복하다. 지금 뒤돌아보면 많이 부족했다. 내가 피곤하다는 이유로 아이들이 잘못을 안 했을 때도 화풀이 대상으로 화를 냈다. 화가 풀리면 내가 한 행동에 대해 무의식적으로 잊어버리고 반복해서 화를 내고 또 언제 그랬냐는 듯이 생활했다. 그런데 현중이가 동생에게 하는 행동을 보고 내가 현중이에게 똑같은 행동을 하고 있었다는 사실을 알게 되었다. 너무 미안했다.

아이는 엄마의 행동을 보고 성장하기 때문에 엄마가 행복하면 아이도 덩달아 행복해진다. 엄마라면 내 아이를 행복하게 키우고 싶다. 아이의 행복을 위해서라면 무엇이라도 다 해주고 싶다. 나를 보고 자라는 아이에게 어떻게 해주면 행복해질 수 있을까?

너무 멀리서 찾지 말자. 아이가 가장 기쁠 때는 엄마가 웃을 때라고 한다. 아이가 웃기를 바라면 웃어주자. 행복하길 바라면 행복한 모습을 보여주자. 즐겁게 살기를 바라면 즐겁게 사는 모습을 보여주자. 아이들은 우리가 말하지 않아도 우리의 모습을 지켜보고 있다. 내 아이가 어떤 모습으로 살기를 바란다면 그런 모습을 보여주자. 그럼 그렇게 자랄 것이다.

괜찮다, 괜찮다, 다 괜찮다

"부모란 자녀에게 사소한 것을 주어 아이를 행복하게 만드는, 그런 존재다."

- 오그든 내쉬

28개월에 어린이집을 보냈다

현중이가 24개월 되었을 때 현철이가 11월 17일에 태어났다. 나는 3주 동안 친정에서 몸조리를 하고 문구점으로 왔다. 무척 추운 겨울이었다. 난 아직도 몸이 내 몸 같지 않았다. 나는 처음부터 문구점을 혼자 했다. 남편은 도매점에 다니고 떨어진 물건이 있으면 퇴근길에 가지고 왔기 때문에 지장 없이 아이 돌봐가며 혼자 문구점을 할 수 있었다. 더 쉬고 싶었지만 쉴 수가 없었다. 아이를 낳느라고 남편도 다니던 직장을 그만두고 쉬었다. 그렇기 때문에 나는 혼자 문구점을 할 수 있었지만 남편은 물건의 위치도 잘 모르고 가격도 잘 모르고 떨어진 물건이 있으면 도매점에 가야 했기 때문에 전적으로 맞길 수가 없었다.

그리고 얼마 후 크리스마스가 다가왔다. 크리스마스 전에는 학원, 어린이집에서 산타 행사가 있어서 1년 중 가장 바쁜 시기이기도 했다. 그때는 지금처럼 대형마트가 없었다. 온라인 판매도 없었다. 부모들은 시내 가서 장난감 백화점에 가서 선물을 사거나 동네 문구점에서 사는 것이 다였다. 장난감 백화점에 가면 선물이라도 포장을 해주는 경우가 없었다. 나는 동네에서 작게 하고 있지만 당연히 선물이라면 정성껏 포장을 해주었다. 그래서 사람들은 우리 집에서 선물 사는 것을 좋아했다. 아이들 모르게 선물 포장해서 산타가 보낸 것처럼 편지를 써서 안에 집어넣어 포장했다. 학원, 어린이집으로 살짝 가야 하기 때문에 아이들이 학원에 간 시간에 선물을 사러 많이 왔다.

이러다 보니 내가 아니면 안 되었다. 하루에 2번도 도매점에 갔다 와야 하고 나는 그 상황에서 우리 아이들을 데리고 손님이 오면 밖에 나오지 못하도록 밖에서 문을 닫고 한참을 바쁘게 지내야 했다. 물건 하러 간 남편은 빨리 오지 않았다. 나간 김에 여기저기 둘러보고 놀다가 들어왔다. 아침에 나가도 저녁에 들어오고 오후에 나가도 저녁에 들어왔다. 너무 일찍 들어오면 학교 준비물이 필요해서 또 나갔다 와야 했다. 혼자 할 때와 많은 차이가 없었다.

그렇게 장사를 하고 손님이 다 가고 방에 들어가면 현중이는 심심하니까 비디오를 보기도 하고 장난감을 가지고 놀기도 했다. 어떤 날에는 싱크대 밑에 있는 물건을 다 꺼내고 그 안에 들어가 있기도 했다. 그럴 때면 장난감과 싱크대 밑에 살림살이들이 여기저기 어지러웠다. 그 모습을 보면 짜증이 나서 현중이에게 화를 많이 냈다. 놀았으면 정리하는 모습을 보여주고 이렇게 하면 된다고 알려주어야 했었다. 그때는 그럴 생각조차할 수가 없었다. 그저 내 앞에 벌어진 일들이 나를 힘들게 했다.

지금 생각하면 참 어이없는 일이다. 25개월 된 아이가 뭘 알겠는가? 엄마가 바빠서 같이 놀아주지 못 해놓고 아이가 어지럽게 만들었다고 혼내고 있었다. 이유도 모르고 현중이는 혼이 나고 울기 시작했다. 그럼 또 혼을 냈다. "네가 뭘 잘했다고 울어! 울지 마!" 우는 것도 보기 싫었다. 그만 울라고 소리를 쳤다. 아이는 무서워서 소리도 없이 눈물만 흘리며 조용해졌다. 아마 우리 현중이는 기억도 없을 것이다. 하지만 나는 그때 나의 모습이 가끔 생각나서 우리 현중이에게 너무 미안하다.

이러면 안 되겠다 싶어서 28개월에 어린이집을 보냈다. 어린이집은 36개월 이하 아이들과 같은 반이 되었다. 처음 어린이집에 갈 때 잘 갔다. 현중이도 집에서 나랑 현철이랑 같이 있는 게 너무 심심했는지 어린이집에 잘 적응하고 잘 다녔다. 다른 아이들은 여기저기서 울고 있었다. 적응이 잘되지 않는 모양이다. 그런데 1주일이 지나고 다른 아이들이 적응이 되었는지 조용해졌다. 그때부터 우리 현중이는 울기 시작했다. 차가 오면 안 타려고 몸을 뒤로 빼고 겨우 선생님이 안아서 차에 올랐다. 그렇게 차가 출발을 하고 나면 걱정이 되어 원장 선생님께 물어보면 어린이집에 도착해서는 얌전히 너무 잘 논다고 걱정하지 말라고 했다.

현철이랑 둘을 같이 데리고 있을 자신이 없었다. 시간이 조금 지나면 적응하겠지 생각하고 계속 보냈다. 그리고 걱정이 되어 어린이집에 가보면 정말 얌전히 잘 놀고 선생님이 시키면 시키는 대로 잘하고 있었다. 그런 모습을 보고 안심이 되었다. 그런데 우리 현중이는 시간이 지날수록 아침에 옷을 입히면 옷을 벗고 양말을 신기면 양말을 집어던지고 가방을 주면 가방을 빼며 안 가겠다고 울었다. 힘없는 아이지만 자신이 할 수 있는 반항은 모두 하는 것 같았다. 그래도 나는 보내야 했다. 나도 울고 있었지만 둘을 데리고 장사를 하기는 너무 힘들어 그냥 보낼 수밖에 없었다.

그런데 이제는 어린이집이 끝나고 집에 오면 더 아기가 되어갔다. 기어 다니고 현철이 옆에 같이 누워만 있고 전처럼 장난감을 가지고 놀거나 비디오를 보질 않았다. 가만 지켜보니까 아기들이 하는 행동을 하고 있는 것이었다. 현철이는 아직 어려서 누워만 있기 때문에 기어 다니지는 않는다. 그럼 이런 행동은 어린이집에서 배웠다.

다시 어린이집을 방문해서 원장 선생님과 상담을 했다. 우리 현중이가 이런 행동을 하는데 도무지 이해가 안 간다고 했더니 그때 원장 선생님이 말씀하셨다. 우리 현중이가 있는 반 아이들 중에 현중이가 가장 크다는 것이다. 그 윗반은 36개월부터 60개월 아이들이 있는 곳이라 너무 차이가 많이 나서 그 반으로 넣을 수가 없다고 했다. 우리 현중이는 어린이집에서 같은 반 또래 아이들에 비해 가장 어른이었던 것이다. 그러다 보니 선생님들도 더 어린 아이들에게 항상 모든 신경이 갔던 것이다.

집에서 엄마는 항상 바쁘고 현철이는 누워 있다가 배고프다고 울면 엄마가 안아서 모유를 먹여 주고 어린이집은 선생님들이 자기보다 더 어린 아이들만 쳐다보고 안아주고 하니까 현중이는 어린이집에 가기 싫었던 것이다. 시간이 지난다고 해도 적응이 될 수가 없었던 것이다.

3개월이 지나고 나는 생각했다. 처음에는 입학금도 아깝고 내가 혼자 둘을 데리고 문구점 운영할 생각을 하니 끔찍해서 어떻게든 어린이집에 적응시켜야겠다고 생각했다. 아침마다 울면서 안 가기 위해 몸부림치는 현중이를 보면서 이러다가 아이 성격 버리겠다 싶어서 보내지 않기로 결정했다.

전쟁터가 따로 없었던 나의 아침이 고요해지기 시작했다. 아침 장사를 하면서 어린이집 보내려고 준비시키고 아침마다 시끄럽게 울던 우리 현중이를 보내지 않으니 아침 장사에만 신경 쓰면 되었다. 장사가 끝나고 여유 있게 천천히 현철이가 자는 시간에 멀리는 못 가도 현중이와 가게 앞을 업고 왔다 갔다 했다. 아이들은 하루 볕이 다르다고 그동안 많이 커

문구점 언니의 뼈 때리는 육아 이야기

서 스티커에 관심을 가졌다. 같이 스티커 붙이고 놀기도 하고 장난감도 가지고 놀고 다 놀면 제자리에 갖다 놀 줄도 알았다. 이렇게 많이 컸다. 그동안 아침마다 싸우고 서로 가기 싫어하는 어린이집 보내느라 낭비했던 에너지들을 아침에 고요하게 시작하니 하루가 다르게 다가왔다.

내가 힘들지 않으려고 이기적인 생각으로 현중이 입장은 생각도 안 했던 것이다. 무조건 이유도 모르면서 어린아이로만 생각하고 그 어린 것이 하는 행동들을 무시했다. 내가 하라는 대로 하지 않는다고 아이를 혼내고 밀어붙이고 했던 행동들이 후회가 되었다. 아이들도 다 이유가 있다. 말을 못하고 몸으로 표현했을 뿐 다 이유가 있었던 것이다. 현중이를 많이 이해하게 되었다. 괜찮다, 괜찮다, 다 괜찮다.

미술학원 첫 번째 원생이 되었다

그렇게 3개월이 흐르고 우리 동네에 학원이 하나 생겼다. 현중이는 너무 어려서 다닐 수 없었다. 그런데 가게 앞에서 놀던 형들이 차를 타고 가면 같이 가겠다고 떼를 쓰기 시작했다. 얼마나 당황스럽던지 원장님께 죄송했다. 그러다 말겠지 생각했는데 하루는 원장님이 말씀하셨다. 처음이라 아직 아이들이 많지 않으니 데리고 가서 형들이 공부하는 데 방해가되면 집에 돌려보내고 조용히 형들과 같이 앉아 있으면 옆에서 그냥 놀게 하겠다고 배려를 해주셨다. 그렇게 현중이는 형들과 같이 학원을 갔다. 그런데 형들과 있어서 그런지 형들이 귀엽다고 잘 데리고 놀아주고 챙겨주었다. 형들이 공부할 때는 공책 한 권 펴놓고 형들은 공부를 하는 중이지만 현중이는 마음대로 그림을 그리든 낙서를 하든 그냥 옆에서 그렇게 조용히 놀았다. 그래서 항상 형들과 같이 또래가 하나도 없는 학원에 다녔다. 지금 생각해도 그 원장 선생님이 얼마나 감사한지 모른다.

그리고 다음 해에 원장 선생님이 아는 분이 우리 동네에 미술학원을 열었다. 당연히 우리 현중이는 그 미술학원 첫 번째 원생이 되었다. 동네에서 같이 장사를 하던 미용실 언니 딸도 현중이와 같은 또래라 그 미술학원을 다니기 시작했다. 초등학교 입학할 때까지 다른 유치원을 가지 않고 미술학원에서 너무 재미있게 잘 지내다가 학교에 입학을 했다. 우리 현철이도 자라서 그 미술학원에 다녔다.

그 원장 선생님들과의 인연은 초등학교를 졸업할 때까지 이어졌다. 그리고 우리 아이들은 지나오는 길에 선생님이 보고 싶다고 가끔 학원을 다니지 않을 때도 놀려가서 놀다가 온 곤 했다. 그 선생님들의 고마움을 잊지 않고 있는데 우리 아이들도 그곳에서 배울 때가 좋았나 보다. 스승의 날이면 선물을 준비해서 갔다 오기도 했다. 가끔 원장 선생님과 식사도 했는데 지금은 그 학원과 미술학원이 없어졌다. 미술원장님은 아들만 둘 키우고 있었는데 두 아들 다 잘 자랐다. 이렇게 학원은 없어졌지만 서로의 안부를 물을 정도로 인연이 이어지고 있다.

문구점 언니의 뼈 때리는 육아 이야기

정말? 네가 참 억울했겠다

"너 자신을 다스려라. 그러면 너는 세계를 다스릴 것이다."

- 중국 속담

우리 아이의 말을 들어봐야 한다

나는 현중이를 초등학교에 입학시키고 나 또한 초등학교 1학년처럼 설레기도 하고 두렵기도 하고 학교에서 잘 지내야 할 텐데 걱정도 되고 참 마음이 이상했다.

나는 아침 등교 시간과 학교 끝날 시간이 가장 바쁘다. 아침은 등교 시간에 준비물을 팔아야 하고 끝나는 시간에는 다음 날 준비물과 아이들의 먹거리를 파느라 바쁘다. 지금은 학교가 끝난 시간. 아이들은 끼리끼리 모여서 학교에서 있었던 얘기를 하면서 웃고 떠들고 신나게 걸어가고 있다. 현중이가 내려오는지 학교 쪽을 쳐다보고 있는데 현중이와 같은 반 친구 수아가 지나가며 현중이가 오늘 선생님께 혼나서 울었다는 것이다.

나는 종종 현중이의 학교생활 얘기를 같은 반 친구들에게 듣는다. 그럴 때면 왜 혼났을까? 수업 시간에 집중을 안했나? 아니면 친구랑 다투었나? 생각하면서 다른 날보다 더 현중이를 기다리고 학교에서 돌아오는 아이의 얼굴을 보고 뭘 잘못 해서 혼났냐고 소리를 지른다. 그러면 현중이는 아무 말 없이 방으로 들어간다. 피아노학원 가방과 도복을 챙겨 나간다. 피아노학원을 갔다가 태권도학원에 갔다가 집에 온다. 무슨 일 때문에 혼났는지 왜 울었는지 물어봐야 하는데 아이들이 끝나고 지나가는 시간이라 물어볼 시간이 없다. 좀 한가한 시간이 되면 현중이는 학원에 가고 없다. 그렇게 시간은 흐르고 나는 아무 일 없었다는 듯이 생활을 한다.

그런데 오늘도 친구들이 지나가면서 현중이가 오늘 수업 시간에 화장실에 있었다는 것이다. 그래서 선생님께 많이 혼났다는 것이다. 학교에서 수업 시간에 교실에 안 들어갔다는 것이 이해가 안 됐다. 그리고 얼마 후 선생님께 전화가 왔다. 현중이가 수업 시간에 화장실에서 물을 틀어놓고 놀고 있었다는 것이다.

혼을 내고 수업이 끝난 후에 얘기해 보았더니 놀고 싶었다고 한다. 학교가 끝나면 학원을 가고 태권도를 가고 친구들과 놀 시간이 없어서 놀고

문구점 언니의 뼈 때리는 육아 이야기

싶었다고 했다는 것이다. 나는 현중이가 피아노도 좋아하고 태권도도 좋아하고 아무 말 없이 학원을 잘 다녀서 아무 일이 없는 줄 알았다. 그런데 오늘은 안 되겠다는 생각이 들어 학교 끝나고 돌아온 현중이에게 피아노학원과 태권도학원에 다니기 싫으냐고 물었다. 현중이는 싫은 건 아닌데 가끔은 친구들과 놀고 싶은데 자기만 학원에 간다는 것이다. 생각해보니 나는 현중이를 돌볼 시간이 없어서 학원을 보냈다. 2살 아래 동생도 있고 문구점을 하다 보니 아이들이 끝나고 지나가는 시간에는 너무 바빠서 학원에 가면 안심이 되었다.

그리고 전에 선생님께 왜 혼났는지 물어보았다. 그랬더니 자꾸 뒤에 친구가 수업 시간에 연필로 꾹꾹 찌르고 장난을 친다는 것이다. 그래서 참다가 수업 시간에 뒤를 돌아보고 욕을 했다는 것이다. 그런데 선생님이 수업 시간에 욕을 했다고 자기만 혼냈다는 것이다. 그리고 집에 왔는데 엄마도 소리를 쳤다는 것이다.

네가 참 억울했겠다 싶었다. 무슨 일이 있었는지 같은 반 친구의 얘기를 들을 것이 아니라 우리 현중이에게 무슨 일이 있었는지 물어봤어야 했다. 그런 억울한 일이 있으면 엄마가 들어주고 풀어주어야 했다. 내가 바쁘다는 이유로 소리만 치고 들어주지도 않았다. 아무렇지 않게 지낸 시간이 얼마나 미안했는지 모른다. 초등학교 1학년이 뭘 알겠나 싶었는데 아이들도 억울할 수 있겠다는 생각을 했다. 나는 무심하게 지나간 일들이 아이에게 너무나 억울한 일이라는 것이 마음 아팠다. 다음부터는 우리 아이의 얘기를 더 많이 들어주어야겠다.

현중이에게 미안한 마음에 엄마가 어떻게 해주면 좋겠는지 물었다. 학교 끝나는 시간에 정문까지 마중 와달라는 것이다. 나는 한 번도 생각해보지 않은 일이었다. 나는 아이들이 하교 시간에 한 번에 몰려 바쁜데 마중을 와달라고? 나에게는 당연히 가게가 바쁜데 그 시간에 마중을 와달라고? 생각하고 생각해도 나는 전혀 이해가 되지 않았다.

하지만 현중이 입장에서 생각해보았다. 이제 초등학교 1학년 많은 엄마들이 학교까지 데려다주고 끝나는 시간에 맞춰 마중을 와서 문구점에 들려 아이들이 원하는 먹을거리를 사주고 원하는 장난감을 사준다. 집으로 가면서 학교에서 있었던 얘기를 물어보고 아이들은 조잘조잘 대답하고 그런 상황을 8년이나 지켜보았다.

현중이는 그런 아이들과 똑같은 어린아이다. 그런 친구들의 모습을 보고 얼마나 부러웠을까? 나는 한 번도 해주지 않았던 것이다. 학교가 끝나면 당연히 학원으로 가고 저녁이 돼서 집에 오면 숙제하고 씻고 동생과 잠이 들었던 것이다.

그래서 현중이에게 약속을 했다. 매일은 어렵고 금요일은 고학년이 늦게 끝나고 저학년은 일찍 끝나니까 그날 마중 가겠다고, 그러니 끝나고 빨리 나와달라고 했다. 그랬더니 알겠다고 했다. 금요일이 돌아오고 학교 끝나기 10분 전 학교로 향했다. 현중이는 종이 치고 선생님의 인솔로 교

문구점 언니의 뼈 때리는 육아 이야기

문까지 나오고 있었다. 나를 보더니 엄청 좋아했다. 선생님과 친구들과 인사를 하고 뛰어서 나에게 달려왔다. 나도 처음 느껴보는 묘한 기분이 들었다. 아이가 초등학교 1학년이면 엄마도 초등학교 1학년이라는 말이 맞나 보다.

현중이가 훌쩍 커서 중학교에 갔다. 어떻게 시간이 갔는지 모를 정도로 시간이 참 빠르게 지나갔다. 중학교에 가고 얼마 안 되서 월요일 아침 장사를 마쳤다. 유치원에 물건을 납품하고 오는 길에 현중이 담임 선생님께 전화가 왔다. 현중이가 머리가 아프고 속이 안 좋다고 병원에 데려가 보라는 것이다. 엄마들은 다 똑같을 것이다. 아이가 아프다고 하면 제일 속상하다. 어디가 얼마나 아픈 것일까? 중학교 적응하기가 어려운가? 아침에만 해도 아무렇지 않았다. 별 생각이 다 들었다. 현중이는 기다리고 있었다. 내과를 가야 하나? 가정의학과에 가야 하나? 감기면 이비인후과가 빠른데 이비인후과에 가야 하나? 고민하면서 물어보았다. 어디가 어떻게 아픈지 얘기해 달라고 했다. 현중이는 살짝 열이 나고 속도 안 좋다고 했다. 밥을 급하게 먹어서 급체 했나 싶어서 내과에 가서 진료를 했더니 크게 이상은 없고 스트레스 같다고 하신다.

약국에서 약을 타고 집에 가서 약 먹고 쉬게 하려 했는데 나의 경험상 아프다고 집에서 약 먹고 누워 있으면 몸이 더 깔아지고 기운도 없었다. 현중이에게 밖으로 나갈까 했더니 좋다는 것이다. 어딜 갈까 하다가 뿌리

공원이 생각이 났다. 전국 유일의 '효' 테마공원으로 자신의 뿌리를 되찾을 수 있는 성씨별 조형물과 사신도 및 12기자를 형상화한 뿌리 깊은 샘물, 각종 행사를 할 수 있는 수변무대, 잔디 광장과 공원을 한눈에 바라볼 수 있는 전망대, 팔각정자뿐만 아니라 삼림욕장, 자연관찰원, 야관경관조명, 은하수터널 등 다양한 시설이 갖추어진 체험학습의 산 교육장이다. 우리는 뿌리공원에 가서 차 씨와 서 씨가 있는 조형물을 찾아보고 공원을 한눈에 바라보기 위해 전망대에 있는 팔각정자를 올라가서 뿌리공원을 내려다보고 내려왔다. 잔디광장에서 신나게 놀았다. 열심히 놀고 덥다고 해서 아이스크림을 사주고 즐거운 시간을 보내고 왔다. 현중이도 직장인들이 겪는 월요병을 중학생이지만 겪은 것 같다. 새로운 선생님들과 새로운 친구들 새로운 환경을 겪느라 힘들었던 것 같다.

힘든 부분을 들어주고 믿어주자

초등학교 때는 같은 반 친구들이 담임 선생님 중심으로 1년을 같이 지내고 6년 동안 똑같은 패턴으로 생활하지만 중학교는 완전 다른 패턴으로 돌아가니 힘들 수밖에 없다. 다들 겪는 상황이라고 말할 수도 있다. 하지만 내가 초등학교에서 중학교 올라갔을 때를 생각해보니 나도 힘들었던 것 같다. 물 맑고 공기 좋은 시골 작은 학교였다. 우리는 동기동창생이 남 30명, 여 30명, 총 60명이 졸업했다. 중학교는 버스를 타고 30분 정도 통학을 했다. 주변 여러 초등학교에서 모였다. 남중 여중이 따로 있었다.

문구점 언니의 뼈 때리는 육아 이야기

나는 당연히 여중에 입학했는데 6반 40명씩 약 240명 정도였다. 많아진 친구들 덕에 성격도 다양했고 3년 동안 같은 반을 하지 않은 친구도 있었다.

처음으로 영어를 배우고 다른 나라 말은 참 힘들구나 싶었다. 지금도 영어는 어렵다. 요즘은 유치원 때부터 영어를 공부시키고 학원을 다니고 온라인 강의도 많다. 중학교에서 처음 영어를 배웠기 때문에 지금도 영어는 싫어하는 과목이다. 영어 잘하는 사람을 보면 너무 부럽다. 사람은 다 똑같을 수는 없으니까 인정하게 되었다.

나는 대신 수학과 과학을 좋아했다. 수업 시간도 과목마다 선생님들이 달랐다. 다 겪는 상황이고 당연한 것으로 생각할 수도 있다. 아이에게는 그런 모든 상황이 어려울 수 있다. 사람은 상황에 맞게 적응하게 되어 있다. 우리 아이가 달라진 상황을 어려워하고 힘들어하는 부분을 이해해주어야 한다. 성장하면서 초등학교에서 중학교 갈 때, 중학교에서 고등학교 갈 때, 고등학교에서 대학 갔을 때 특히 아이들을 관찰하고 대화를 많이 해야 한다. 상황이 바뀌었을 때 힘든 부분을 들어주고 믿어주면 학교 다니는 동안 안심하고 잘 적응해서 즐겁게 학교생활을 할 수 있다.

08

너는 분명히 잘될 거야

"세상에 대한 순 가치는 대개 그 사람의 좋은 습관에서 나쁜 습관을 뺐을 때 남는 것으로 결정된다."

- 벤자민 프랭클린

"너는 잘될 거야."라고 해주었다

현중이가 서울에 있는 대학에 입학을 하고 현철이와 현충일에 학교 구경을 갔다. 우리 현철이는 고등학교 2학년이라 현충일에 학교에 가지 않아도 돼서 구경을 하고 현중이 방 청소를 해주고 맛있게 저녁 먹고 내려왔다. 서울에서 내려오는 차 안에서 현철이가 그랬다. 나도 형처럼 서울에 있는 대학 가고 싶은데 늦은 것은 아닌지 모르겠다고 했다. 그리고 중학교 때 왜 그렇게 시간 아깝게 게임을 했는지 모르겠다고 했다. 참 대견스러웠다. 알긴 아는구나 싶었다. "너는 잘될 거야."라고 해주었다.

문구점 언니의 뼈 때리는 육아 이야기

현철이는 중학교 2학년 때 게임을 5시간 이상 하던 아이다. 나가서 친구들과 몰려다니는 것보다 나을 거 같아 하지 말라고도 하지 않았다. 그렇게 시간을 보내다가 중학교 3학년 때 댄스학원을 보내면서 자연스럽게 게임하는 시간이 줄었다. 나쁜 습관을 버리게 하려면 무조건 말려서는 힘들다. 좋은 방법은 좋아하는 일을 찾아주면 자연스럽게 좋은 습관이 생긴다. 그렇게 현철이는 중학교 3학년 때 댄스학원을 12월까지 1년여 동안 다녔다. 현중이도 중학교 3학년 1년 동안 댄스학원을 보내 주었다.

현중이가 고등학교 1학년, 현철이가 중학교 2학년 때 로하스 축제에 둘이 함께 참가했다. 그때 현중이와 현철이는 내가 보기에 정말 잘했다고 생각했다. 아쉽게 상을 타지 못했다. 그다음에 또 같이 참가하고 싶었다. 하지만 현중이가 고등학교 2학년이라 시간이 안 되어서 참가를 못 하고 현철이가 친구와 중학교 3학년 9월에 로하스 축제에 참가해서 2등을 했다. 댄스학원을 다녀서 그런 것도 있지만 댄스곡 선정을 정말 잘했다. B1A4의 '이게 무슨 일이야' 라는 곡을 선택했는데 축제 분위기와 너무 잘 어울렸다. 정말 이렇게 좋은 곡을 선택했다는 것이 정말 대견스러웠다. 분위기에 맞게 곡 선택을 너무 잘했다.

현철이는 고등학교를 현중이와 같은 학교로 갔다. 시내로 나가는 일이라 다른 곳으로 갈 수도 있었다. 다행히 같은 학교로 갔다. 현중이는 2년 동안 버스를 타고 환승해서 학교를 다녔는데 현철이가 같은 학교로 가게 되어 현중이는 고등학교 3학년이라 시간을 벌어주고 싶었다. 현철이는 잠이 많아서 매일 지각하기 직전에 들어갔다. 그래서 통학을 시키기 시작했다. 다행히 고속도로를 타고 가면 학교가 톨게이트 바로 앞에 있어서 내려주고 나는 다시 고속도로를 타고 와서 문구점 문을 열었다. 그렇게 우리 3명은 거의 3년 동안 즐겁게 학교를 다녔다. 그리고 나는 아이들과 대화할 시간도 없기 때문에 일부러 통학을 하기도 했다.

매일 집에 오면 11시가 넘는다. 그때 공부하기도 바쁜데 같이 앉아서 편하게 학교 얘기를 할 수가 없었다. 시간도 아끼고 얘기도 하고 싶어서 통학을 시켰다. 지금 생각해도 너무 잘한 일 같다. 야간자율학습이 끝나면 배가 출출할 시간이라 먹고 싶다는 간식도 물어봐서 사주었다. 학교에서 있었던 얘기도 듣고 참 즐거웠다. 엄마들은 아이들이 고등학교에 가고 얼굴보기도 어렵다고 한다. 그리고 무슨 생각을 하고 어떤 대학에 어떤 과에 가고 싶은지도 모른다고 한다. 성적에 맞춰 가야 하니까 선생님과 아이들과 부모님과 원서 쓸 때 소통이 안 되서 예민해지는 모습을 많이 봤다. 하지만 나는 아이들이 가고 싶은 대학과 원하는 과를 가도록 했기 때문에 별 문제는 없었다.

현중이는 고등학교 3학년이 되고 체육학과 쪽으로 가고 싶다고 했다. 그래서 체대입시학원을 다녔다. 저녁에는 일찍 끝나서 체대입시학원에서 운동하고 집으로 왔다. 주말 아침 7시 체대입시학원 가서 12시에 끝나고 집에 왔다가 토요일 밤 10시부터 12시까지는 영어학원을 다녔다. 그때가 제일 힘들었을 것이다. 영어학원이 끝나고 1시에 집에 와서 씻고 자고 일요일 아침 6시에 일어나 체대입시학원 가고 다시 밤에 영어학원을 가야 했다. 나라면 못 했을 것 같다. 시간만 나면 푹푹 쓰러졌다. 정말 안쓰러웠다. 그렇게 고생을 하고 체대입시학원 원장님과 상담을 했는데, 학교에서는 서울로 보내본 적이 없어서 대전에 있는 학교에 원서를 쓰라고 했다. 나는 현중이가 원하는 대로 써달라고 했다. 처음에는 안 써주려고 했다. 떨어져도 원망하지 않고 재수해도 상관없으니 그냥 원하는 곳 써달라고 했다. 그렇게 고생 끝에 원하는 대학교 원하는 과에 입학을 했다.

아이는 믿는 만큼 자란다

현철이도 고등학교 2학년 때 형 다니는 대학을 갔다 오고 그때부터 서울로 가고 싶다는 목표가 생기더니 전과 다르게 새벽까지 공부를 하기 시작했다. 고등학교 3학년 올라가서는 인강을 1년치 신청해달라고 했다. 원하는 대로 해주었다. 처음에는 1년치 신청을 하려니 몇백만 원이 부담스러웠는지 말하지 않았다. 엄마가 해줄 게 뭐가 있느냐고 물었더니 인강을 원하는데 너무 비싸다는 것이었다. 그래서 하고 싶으면 하라고 했다. 1년치를 12달로 나눠보라 했다. 그랬더니 책 포함 가격에 이정도면 지금 다니는 학원보다 비싼 게 아니라며 좋아했다. 아이들도 생각은 있다. 엄마가 힘들까 봐 말 못하는 착한 아이들이다. 현중이도 체대입시학원과 영어학원을 다니고 있었다. 현철이도 영어, 수학학원 다니고 있는 상황에서 인강까지 한다고 하기가 미안했던 것이다. 그러다 고등학교 3학년 때 전교 1등도 찍어보고 원하던 대학 원하는 과에 갔다. 3곳이 붙었는데 고맙게도 형이 다니는 학교로 갔다. 그래야 방이라도 같이 쓸 수 있다고 생각하고 같은 학교로 갔다. 서로 사이가 좋지 않았다면 다른 대학으로 갔을 것이다. 하지만 고맙게도 우리 아이들은 사이가 좋고 서로 옆에 있으면 시너지가 2배가 된다. 서로 그것을 알고 있는 것 같다.

공부를 잘하기 위해 필요한 것은 무엇일까? 선천적인 재능이나 지능이 아니라 자신의 능력에 대한 긍정적인 믿음과 태도다. 엄마의 따뜻한 신뢰는 아이가 스스로에 대해 믿음과 자신감을 가질 수 있는 좋은 환경이 된다. 아이가 공부를 잘하길 바란다면 "너는 잘될 거야!"라며 자신감을 계속 불어넣어줘야 한다. 따뜻한 격려와 용기를 북돋아주는 한마디가 모든 것을 바꿀 수 있다.

일본에서는 잉어를 '코이'라고 한다. 코이라는 비단잉어는 작은 어항에서 기르면 5~8cm밖에 자라지 않고, 수족관이나 연못에서 기르면 15~25cm까지 자란다. 하지만 큰 호수나 강에 방류하면 무려 90~120cm까지 크게 자란다고 한다. 이렇게 환경에 따라서 잉어의 크기가 달라지는 것을 '코이의 법칙'이라고 한다. 마찬가지로 가정이나 학교도 우리 아이가 어느 정도까지 자랄 수 있는지를 결정하는 중요한 환경이 된다. 사람은 말하듯이 생각하고, 생각하듯이 말한다. 부모 자신부터 자녀를 믿어야 한다. 아이는 믿는 만큼 자란다.

나는 지금 책을 쓰고 있다. 처음에는 어떻게 써야 할지 몰라서 자신이 없었다. 하지만 김 도사님을 만나서 7주간 책 쓰기 과정 수업을 들으면서 알았다. '나도 할 수 있겠다. 내가 멈추지만 않는다면 79기 동기들이 먼저 쓰는 분도 있고 조금 늦게 쓰는 분도 있겠지만 전원 출판할 수 있겠다.'라고 생각하게 되었다. 김 도사님은 책쓰기 코칭 분야의 최고다. 20년 동안 200권 이상 책을 썼고 현재 900명 이상 작가를 배출했다. 믿어지지 않는 일이다. 그렇게 결과로 보여주는 분이다. 김 도사님이 과제를 내주는 대로, 알려주시는 대로 책을 읽으면서 하나하나 배워가고 있다.

9월 9일 7주간 책 쓰기 과정 1주차 수업을 듣고 혼자 책을 쓰겠다고 책을 읽고 열심히 원고를 쓰고 출판사에 투고를 했다면 투고 방법도 모르고 책 쓰기도 몰라서 시간만 낭비하고 꿈만 꾸다 끝났겠구나 싶은 생각이 들었다. 2주차 수업을 듣고 여기서는 내가 원하기만 하면 꿈도 이루고 희망도 있겠다는 생각이 들었다. 3주차 수업을 듣고 점점 내가 원하던 일들이 이루어지고 있다는 것을 느꼈다. 4주차 수업을 마치고 김 도사님이 시키는 대로 한다면 못할 게 없겠다는 생각이 든다.

책 쓰기 과정을 진행하면서 과거의 나와 얘기를 하게 된다. 모르고 지나간 일들이 하나씩 스쳐지나가면서 나를 다시 돌아보게 되었다. 내가 그냥 〈한책협〉에 온 것이 아니라는 생각이 들었다. 생각해보니 엄마가 돌아가셔서 힘들었을 때도 책을 읽었다. 하던 모든 일이 안 될 때도 책을 읽었다. 지금 생각하면 〈한책협〉을 만난 것도 책을 읽었기 때문이다. 지금 김도사님을 만나 책 쓰기 과정도 배우고 있다.

그보다 중요한 것은 나의 의식에 엄청난 변화가 일어났다는 것이다. 의식이 변하지 않았다면 어떠한 성과도 내지 못하고 불안한 미래를 계속 살아가고 있을 것이다. 유튜브로 김도사TV 동영상을 보고 나는 엄청나게 의식이 변했다. 〈한책협〉을 만나기 전과 〈한책협〉을 만난 후의 나의 모습은 완전히 달라서 비교가 안 된다. 의식이 엄청나게 성장한 것을 느낀다. 어디를 가도 김 도사님처럼 의식을 확장시켜주고 알려주는 사람은 없다. 내가 변하지 않으면 나의 미래는 절대 변하지 않는다. 김 도사님의 추천 도서들을 읽다 보면 내가 우연히 〈한책협〉에 온 것이 아님을 알게 된다. '내가 여기를 오지 않았으면 어땠을까' 상상도 하기 싫다. 나는 나에게 "너는 잘될 거야."라고 말하고 있다.

이제는 걱정하지 않는다. 나는 최고의 스승, 우리나라 아니 세계 최고의 책 쓰기 코칭 김 도사님을 만났고 김 도사님의 코칭을 받으며 책을 쓰고 있기 때문이다. 베스트셀러 작가가 되고, 멋진 강연자가 되어 강연을 다니면서 나처럼 힘들었던 사람들에게 힘이 될 것이다. 나는 백만장자 메신저가 될 것이다. 김 도사님, 감사합니다. 그리고 권동희 작가님은 권마담TV 유튜브를 운영하시는데 너무 지혜로운 분이다. 두 분은 너무나 멋진 도사님, 지혜로운 마담님인데 서로 너무 사랑하는 부부이다. 정말 천생연분 찰떡궁합을 자랑한다. 김 도사님, 권 마담님, 사랑합니다. 그 외코치님들 〈한책협〉에서 만나게 되어 기쁘고, 특히 79기 천재 작가님들 전원 출간을 희망합니다.

5장

있는 그대로
사랑받을 자격이
있는 아이들

01

다른 집 아이들과 비교하지 말자

"자녀를 비교하지 말고 무시하지도 말라. 자녀는 자녀의 삶을 살기 위해 태어난 것이다."

- 유대 속담

아이들은 정말 다르다

현중이가 너무 FM이라 융통성이 없다고 생각했다. 그래서 현철이는 융통성이 있으면 좋겠다고 생각하고 현중이에게 했던 행동을 현철이에게는 하지 않았다. 현중이가 실수를 하면 바로 쫓아 가서 잔소리를 했다. 놀고 있으면 어지른다고 쫓아다니며 치웠다. 음식을 옷에 흘리면 혼내면서 그렇게 하면 안 된다고 옷을 바로 갈아입혔다. 음식을 떨어뜨리면 바로 닦고 그랬다. 나의 그런 행동 때문에 현중이가 융통성도 없고 FM인 것 같아 현철이에게는 모든 행동이 관대해졌다. 내가 바빠서 바로바로 못

보는 경우도 있었다. 한 템포 느리게 행동했다. 놀고 있으면 다 놀고 나서 한 번에 몰아서 치웠다. 음식을 먹다 흘리면 스스로 치우게 만들었다. 그래서 그런지 현철이는 자유로운 부분이 있었다. 그래서 그런 현중이와 현철이가 둘이 반반 섞이면 좋겠다고 생각했다.

하루는 장사를 하다가 우당탕 시끄러운 소리가 나서 방을 쳐다보니 방에서 둘이 놀다가 뭔가를 깬 것 같았다. 방을 봤더니 냉장고에서 간식을 꺼내다가 반찬통이 떨어진 소리였다. 서로 어쩔 줄 몰라 하면서도 치우지 않고 서로 싸우는 것이다. 나는 너무 화가 나서 벽 보고 손을 들고 서 있으라고 했다. 서로 얼굴 쳐다보면 계속 얘기를 할 거 같아 벽 보고 손을 들라고 했다. 그렇게 벌을 세우고 장사를 하느라 아이들이 손 들고 서 있다는 사실을 깜박하고 1시간 이상 흘렀다. 손님이 가고 방에 들어갔는데 아직까지 둘 다 손을 들고 서 있는 것이다. 내리라고 하고 돌아서라고 했는데 현중이는 얼굴이 말이 아니었다. 그에 비해 현철이는 얼굴이 아무렇지 않게 멀쩡했다. 현중이는 손을 내리면서 팔이 아프다고 털석 주저앉는 것이었다. 잘못을 해서 벌은 세웠지만 미안했다. 이렇게 오래 세워놓을 생각은 없었는데 깜빡한 것이다. 현중이는 그날 밤 자면서 끙끙거렸다. 분명이 현중이는 1시간 이상 팔을 그대로 들고 있었고 현철이는 팔을 뒤로 제치면서 요령을 피웠을 것이다. 다음부터는 시간을 알려주고 시간이 되면 손을 내리라고 했다.

2층 주인아줌마가 놀러 와서 같이 점심을 먹고 있었다. 여러 가지 반찬을 따로 하기 그래서 생선을 하나 구워놓았다. 점심을 먹다 손님이 와서 나는 가게로 나왔는데 현중이가 현철이 얼굴을 때린 것이다. 현철이는 울기 시작하고 아주머니는 말리고 있었다.

왜 그랬냐고 물었더니 현철이가 밥을 먹다 할머니 옷에 실수를 했다는 것이다. 한참 쉬를 가리느라 기저귀를 차지 않고 쉬가 나오려고 하면 쉬하라고 요강을 방에 놓았는데 그만 현철이가 할머니 무릎에 앉아 밥을 먹다가 실수를 한 것이다. 그것을 본 현중이는 할머니한테 쉬를 한 것은 실수를 한 것이고 내가 현중이한테 했던 것처럼 현철이가 잘못했다고 생각을 해서 현철이를 때린 것이다. 할머니는 괜찮다고 다들 실수는 하는 것이라고 현중이한테 얘기를 하시는데 현중이 생각에는 실수를 했으니까 맞아야 된다고 생각을 한 것이다.

나는 반찬으로 생선을 잘 구워준다. 나는 어릴 때 생선을 잘 먹지 못했다. 시골에서 크다 보니 야채는 잘 먹는데 생선은 접할 기회가 별로 없었다. 그리고 가족이 많다 보니 고기를 반찬으로 해도 불고기보다는 김치찌개를 끓여주셨다. 생선을 해주어도 생선구이가 아닌 탕으로 끓여주셨다. 그런데 내가 성장하고 직장 생활을 하면서 점심을 사서 먹거나 모임에 가면 종종 고등어구이 등 생선 반찬이 나오는데 나는 잘 먹지 못했다. 친구들은 맛있다고 잘 먹는데 나는 비린내도 나는 것 같고 맛을 몰랐다. 그런데 점점 시간이 지나 한 번씩 먹을 기회가 생기고 먹어보니 생선이란 것이 정말 맛있었다. 그래서 아이들을 키우면서 여러 가지 먹이고 싶어 생선 반찬을 종종 해준다. 우리 아이들도 생선을 참 좋아한다. 우리 현중이는 생선을 좋아하지만 잘 먹지 못한다. 내가 항상 살을 발라줘야 먹는다. 어릴 때부터 가시 때문에 위험하니까 살을 발라서 밥에 얹어주면 먹었다. 그것이 습관이 되었다. 그리고 그게 당연하다고 생각했다. 그런데 가게를 하고 점심 때 손님이 오면 현중이는 나를 기다리고 있었다. 현철이는 손으로 생선을 들고 뜯어 먹었다. 처음에는 가시를 먹을까 봐 기절초풍할 뻔했다. 그런데 한 번도 가시가 목에 걸린 적 없이 잘 먹는 것이다. 참 신기했다.

나는 어려서 생선을 발라줘도 맛을 몰라서 잘 먹지 않았다. 커서 살만 살살 발라 먹었는데 우리 현철이는 달랐다. 어리지만 배는 고프고 엄마는 한 번 나가면 언제 들어올지 모르고 그냥 기다리기에는 배가 너무 고팠던 모양이다. 그러다 보니 살 궁리를 한 것 같다. 현중이는 절대 그렇게 먹지 않는다. 지금도 그렇게 먹지 않는다. 다 살기 위해 방법을 찾는가 보다. 조금 더 큰 후에는 현철이가 현중이에게 살을 발라주었다. 현중이는 내가 살을 발라줘야 밥을 먹는 것을 알았는지, 가끔 혼자 먹기가 미안해서 그런지는 모르겠다. 하지만 내가 바쁘면 현중이에게 살을 발라주고 먹으라고 했다. 참 기특하다. 현철이는 스스로 하게끔 한 발 물러나서 봐줬더니 알아서 잘한다. 한 발 물러나서 본 것도 내가 장사를 하지 않고 집에만 있

문구점 언니의 뼈 때리는 육아 이야기

는 엄마였다면 그렇게 하지 않았을 것이다. 현중이랑 똑같이 뒤를 따라다니면서 잔소리를 하고 뒤따라 다니면서 치웠을 것이다. 그래서 우리 아이들은 정말 다르다.

현중이는 클 때 음식을 먹거나 놀다가 옷에 무엇이 묻으면 하루에도 몇 번씩 옷을 갈아입었다. 그래서 옷을 참 깔끔하게 입어서 동생까지 잘 입혔다. 하지만 우리 현철이는 옷에 무엇이 묻어도 별로 신경 쓰지 않는다. 현중이가 형이라서 다행이다. 현철이가 형이었다면 동생까지 옷을 물려주지 못했을 것이다. 지금은 현중이와 현철이가 둘이 반반 섞이면 좋겠다고 생각하지 않는다. 서로 다른 아이들만의 특별한 점이 있기에 서로 바라보며 해줄 수 있는 것이 있는 것이다.

내 아이만 가지고 있는 특별난 장점을 찾아보라

어떤 아이는 혼자서도 옷을 잘 갈아 입지만 어떤 아이는 혼자서는 볼일도 못 볼 수 있다. 혼자서 식사를 잘하는 아이가 있는가 하면 떠먹여주어야 입을 벌리는 아이도 있을 수 있다. 생활면도 이런데 학습면에서는 더욱 차이가 날 것이다. 성취도도 다르고 이해도도 다르고 목표도 제각각일 것이다. 또 특별한 도움이 필요한 아이도 있을 것이다. 모든 것의 기준은 내 아이가 되어야 한다. 다른 아이와 비교하면 내 아이의 장점이 보이지 않는다. 비교하기보다는 엄마 자신이 아이를 어떻게 키우겠다는 기준을 정하면 남의 말에 신경을 쓰지 않게 된다. 다른 아이들과 비교하지 않으면 아이의 장점이 보일 것이다. 내 아이만 가지고 있는 특별난 장점을 찾아보라.

내 아이가 행복하게 자라길 바라는가? 불행하게 자라길 바라는가? 어느 부모든 우리 아이가 행복하길 바라지 불행하게 자라길 바라는 부모는 없을 것이다. 그렇다면 어떻게 해야 우리 아이가 정말로 행복하게 살 수 있을까? 전 세계에 수많은 아이가 있다. 내 아이와 똑같은 아이는 단 한 명도 없다. 다른 집 아이들과 비교하지 말자. 내 아이를 기준으로 삼고 내 아이가 가지고 있는 남과 다른 창의성을 키워주자. 창의성을 길러주기 위해서는 절대 남들과 똑같은 틀 안에서 키우지 말자. 아이의 생각을 존중해주고 아이와 서로 소통해야 한다. 아이가 제대로 자라길 바란다면 부모가 먼저 달라져야 한다. 다른 아이와 비교하기보다 우리 아이가 잘하는 것을 찾아서 칭찬해주고 격려해주고 자존감을 높여주며 자신감 있게 자랄 수 있도록 응원해줘야 한다. 능력이 아니라 개성이다.

형제는 경쟁의 상대가 아닌 협력자가 되도록 키워라. 현중이와 현철이는 같이 있으면 시너지가 난다. 서로 비교 대상이 아니라 서로 부족한 부분을 채워주고 공유하는 역할을 한다. 둘 다 운동을 좋아하고 게임을 좋아하고 다른 아이들과 다른 게 전혀 없다. 하지만 우리 아이들은 조금 특별한 게 있다. 현중이는 남보다 운동을 조금 더 잘하고 현철이는 남보다 게임을 조금 더 잘한다. 아마 밤새서 하라고 해도 현중이는 운동을 하고 현철이는 게임을 할 수 있을 것이다. 나는 아이들이 운동을 잘하고 게임을 잘하는 것이 좋다. 아마 운동도 대단한 인내심이 필요하고 게임도 대단한 집중력이 필요하다고 생각한다. 그래서 현중이가 더 좋아하는 일을 찾으면 물불 안 가리고 운동하는 것처럼 할 것이고 우리 현철이도 게임을 하는 것처럼 좋아하는 일을 집중해서 열심히 잘할 것을 알기 때문에 항상 응원하며 이렇게 말해준다.

"잘하네."

"정말 대단해!"

간섭이 아닌 관심으로 표현하자

"부모가 자녀들을 간섭하지 않으면, 아이들은 스스로 자신들을 돌본다.
부모가 자녀에게 명령하지 않으면, 아이들은 알아서 행동한다.
부모가 자녀에게 설교하지 않으면, 아이들은 스스로 발전한다."

- 칼 로저스

부모마다 생각이 다 달라서 간섭을 할 수 없었다

가게에 아이가 들어오다 넘어지면서 깜짝 놀랐는지 울기 시작했다. 얼른 달려가서 일으켜 세워주었다. 아프지 않았냐고 물어보고 다친 곳이 없는지 살펴본다. 다행히 크게 다친 곳은 없다. 아이도 울음을 멈춘다. 그런데 이상한 기운이 느껴져 뒤를 보면 엄마가 지켜보고 있다. 그리고 한마디 하는 것이다. 아이 스스로 일어나게 두지 왜 일으켜 세워주냐는 것이다. 조그만 기다리면 알아서 일어났을 거라는 것이다. 먼저 아이의 상태를 봐줘야 하는 거 아닌가 싶은데 자립심을 키워주고 강하게 키우려고 그

문구점 언니의 뼈 때리는 육아 이야기

런 것 같다. 미처 생각을 못했다.

선영이가 가게를 둘러보고 있다. 인형을 고르고 있었다. 혜진이는 들어와서 과자를 고르고 있었다. 혜진이는 반지사탕을 골라 계산을 하고 나갔다. 선영이는 과자 있는 곳으로 와서 엄마에게 반지사탕을 사달라고 했다. 엄마는 절대로 사탕은 안 된다고 했다. 슈퍼 가서 사주겠다고 했다. 선영이는 그때부터 울기 시작했다. 그때마침 아름 엄마가 들어왔다. 아름이랑 선영이는 학원을 같이 다닌 친구다. 선영이가 울고 있는 것을 보고 왜 그러냐고 물어보니 반지사탕을 먹고 싶다고 했다. 아름 엄마는 반지사탕을 고르라고 했다.

하지만 선영 엄마는 안 된다는 것이다. 불량식품은 안 먹이고 싶다는 것이다. 순간 나도 당황했고 아름 엄마는 더 당황했다. 아이들이 불량식품을 먹으면 얼마나 먹는다고 그러는지 이해가 되지 않았다. 하지만 선영 엄마의 교육관이 있다고 생각하기로 했다.

요즘은 아이들에게 마음대로 해줄 수가 없다. 나는 관심을 갖고 다쳤을까 봐 걱정이 되어 일으켜 세워준 것이다. 또 아름 엄마는 선영이가 먹고 싶어 하니까 하나 사주고 싶었던 것이다. 아이의 마음을 조금만 챙긴다면 설득을 하든지 달래볼 것 같은데 내가 괜히 간섭한 것 같다. 아름 엄마도 모르는 척할 수도 없었는데 괜히 마음이 그랬다. 요즘은 사람들이 쓸데없는 간섭을 많이 한다고 생각하는 것 같다. 그래서 예전처럼 주위를 둘러보고 내 아이가 아니어도 물어볼 수도 있다고 생각했는데 점점 그러면 안 될 것 같다는 생각이 많이 든다.

　슈퍼에서 엄마에게 맞아서 아이가 자지러지게 울고 있었다. 아이가 원하는 것이 있어 사달라고 떼를 쓰다가 안 된다고 하니까 바닥에 뒹구는 것이었다. 결국 엄마는 아이를 때리기 시작하는데 말려야 하나 생각하고 다들 지켜보다가 그냥 말리지 못했다. 부모마다 생각이 다 달라서 간섭을 할 수가 없었다.

　명절이 되면 처녀 총각들은 집에 가기 싫어한다. 친척들을 만나면 즐거워야 할 명절이 모두 처녀 총각들에게 시선이 집중되고 다들 한마디씩 한다. "왜 결혼 안 하니?" 분명 어른들은 걱정이 돼서 하는 말이겠지만 이건 간섭이다. "인연을 못 만나서 그러지, 좋은 인연 어디에 있을 거다." 이렇게 말씀해주는 어른들은 관심이다.

　아이들이 사춘기가 오면 남의 자식이라고 생각하라고 하는데 그 말이 딱 맞는 것 같다. 우리는 관심을 보이고 있다고 생각하지만 마음의 상처가 될 수 있는 말을 하면 그것은 결코 관심이 아니다. 간섭을 하는 것이다. 어른들도 이렇게 간섭을 받으면 싫은데 아이들은 더 싫을 것이다. 특히 사춘기 때 주위에서 한마디씩 하면 정말 아이는 감당하기 힘들어진다. 자기 몸의 변화도 어색하고 무슨 생각을 하는지 잘 모르고 잘하려고 마음을 먹어도 누가 옆에서 한마디 하면 자기도 모르게 짜증이 나고 화가 나기 때문에 엄마들은 아이들의 마음을 봐줘야 한다. 행동만 보고 같이 화낸다고 화를 내면 악순환이 계속되는 것이다. 그럴 때 엄마들은 멀리서 우리 아이들이 사춘기라 많이 힘들 거라는 생각을 가지고 해결해주려고 노력하기보다 그냥 옆에서 지켜 봐주며 공감해주는 것이 더 관심이라는 것을 알아야 한다. 엄마들은 자꾸 관심이라고 하는 말마다 이래라저래라 하면 정말 간섭이 된다. 우리 아이도 성장하느라 성장통을 겪고 있는 중이다. 내가 그 나이일 때 어떤 기분이었고 엄마가 어떻게 해줄 때 좋았는지 생각하면서 아이들을 대하면 좋겠다. 간섭이 아닌 관심으로 키우자.

서로에게 평생 남을 기억을 만들어주자

우리의 마음은 도대체 무엇일까? 가만히 생각을 해보자. 나는 어디를 보고 있고 어디를 향해 있는지 알아야 한다. 나의 마음은 항상 우리 아이들에게 가 있다. 아이를 사랑한다고 생각하면서 화내고 짜증내고 큰 소리 치지는 않는가? 분명 나중에 후회할 일이다. 자신도 모르게 아이에게 자꾸 화가 나고 왜 화를 내는지 이유를 모르겠다면 아이를 어떻게 대해야 하는지 생각해보자. 화를 내면 안 된다는 것을 알면서도 화를 내고 있다. 화를 내지 않겠다고 다짐하고 교육 프로그램을 들어봐도 마음이 변하지 않는다. 부모 교육을 통해 아이가 원하는 대로 행복하게 성장하면 좋겠는데 잘되지 않는다.

요즘 아이들은 친구들과 놀다가도 화를 잘 낸다. 그런데 엄마들이 화를 잘 내면 아이들도 화를 잘 낸다. 너무 자연스럽게 화를 낸다. 참지를 못하고 욱하는 것 같다. 너무 바쁘게 살아서 얘기로는 모든 것이 해결이 안 된다고 생각을 하는 것 같다. 화를 낸다는 것은 자신의 감정을 관리하지 못하기 때문이다. 아이뿐 아니라 주위 사람들에게 영향을 미친다. 결국 화를 내면 자신에게 돌아온다.

어떤 엄마든 우리 아이를 누구나 화를 내지 않고 키우고 싶을 것이다. 잘 키우고 싶은 욕심에 화가 더 나는 것이다. 아이를 잘 키우고 싶다면 엄마가 먼저 화를 내지 않으려고 노력해야 한다. 이것은 선택이 아니라 필수다. 화를 내면서 아이들에게 관심이라고 생각하고 살았을지 모른다. 하지만 잘 생각해보면 화를 당연하게 생각하고 했던 말들은 절대 아이들에게 관심이 아니고 간섭이라는 말로 들렸을 것이다.

어떤 엄마가 되고 싶은가? 아이들에게 관심을 갖는 엄마가 되고 싶은가? 아니면 간섭을 하는 엄마로 남고 싶은가? 아마 사랑스런 아이들에게 좋은 엄마가 되고 싶을 것이다. 좋은 엄마가 되려면 마음을 훈련해야 한다. 마음이 흔들리지 않아야 아이들도 흔들리지 않는다. 먼저 엄마의 마음을 평화롭고 여유 있게 생각해보자. 마음을 활짝 열고 아이의 말에 귀를 기울이고 이해해주고 공감해주자. 엄마인 내가 아이를 위해서 많이 참고 기다려주면 분명 아이들은 그런 엄마의 마음을 알게 될 것이다. 그러면 아이도 세상에서 가장 좋은 사람이 엄마라고 생각할 것이다.

문구점 언니의 뼈 때리는 육아 이야기

〈캡틴마블〉, 〈어벤져스:엔드게임〉, 〈토이스토리4〉, 〈맨인블랙〉, 〈스파이더맨:파프롬홈〉, 〈타짜〉, 〈말렌피센트2〉 등 올해 우리 아이들과 본 영화다. 기록을 남기지 않았더니 잘 생각이 나지 않는다. 하지만 아이들과 영화를 보고 맛있는 밥을 먹고 했던 즐거운 기억은 오래 남는다. 아마 평생 갈 것 같다.

아이들과 이렇게 편하게 지낸 시간들이 언제부터였는지 생각해보았다. 그랬더니 대학교에 들어간 후의 일들이다. 학교에 다닐 때는 우리나라 교육이 그렇듯이 야자를 하고 입시에 집중을 하느라 아이들과 이런 좋은 추억 만들기가 쉽지 않았다. 지금 엄마들에게 당연히 우리나라 현실이 아이들을 오랫동안 학교에 있는 시스템이라 아이들과 따로 시간을 내지 않으면 그냥 훅 지나가버리고 말 것이다. 그때는 해주고 싶어도 할 수 있는 시간이 정말 많지 않다. 틈틈이 서로에게 평생 남을 기억을 만들어주는 일이 무엇보다 중요한 것 같다. 아이들이 더 성장을 해서 결혼하고 나면 더욱더 그럴 시간이 없을 것이다.

나도 그때는 몰랐다. 나만 행복하면 된다고 생각하고 부모님과 많은 시간을 보내지 못했다. 부모님의 관심이 나에게도 간섭으로 느껴졌기 때문에 못 했던 부분이 있는데 지나고 보니 부모만큼 나를 사랑해주고 관심으로 보살펴주신 분들은 세상 어디에도 없다. 우리 아이들도 이런 사실을 알기까지는 많은 시간이 필요할 것이다. 장가서서 자식 낳아봐야 알지 않을까 싶다.

잘한다고 자랑하기 금지,
못한다고 혼내기는 금물!

아이의 행동을 인정해주면 아이의 자존감이 올라간다

잘한다고 자랑하지 말고 못한다고 혼내지 말자. 에디슨은 초등학교 2
학년 때 퇴학을 당했다. 그래도 그의 엄마는 아들의 독특한 행동을 인정
해주고 받아줬다. 에디슨의 엄마는 아들의 눈높이에 맞춰 공부를 가르쳐
주었다. 에디슨이 닭장 안에서 알을 품는 일화가 있다. 우리 아이가 그러
고 있으면 우리는 어떻게 했을까? 정말 쓸데없는 짓을 한다고 혼내고 다
시는 하지 못하게 했을 것이다. 하지만 에디슨 엄마는 어떻게 이런 기발
한 생각을 했냐고 정말 대단한 일을 했다고 칭찬해주었다. 아이의 호기

심과 잠재력을 인정하고 칭찬한 것이다. 엄마가 아이의 행동을 인정해주면 아이의 자존감이 올라가고 이것저것 해보고 싶은 동기 부여의 싹이 자란다. 에디슨 엄마처럼 어려서부터 인정, 존중, 지지, 칭찬을 아끼지 말고 자존감을 높여주자.

초등학교에서 아침 등교 시간에 교실로 가기 전에 운동장을 3바퀴씩 돌고 들어가라고 학칙이 생겼다. 운동을 좋아하는 아이들은 대환영을 했고 운동을 싫어하는 아이들은 3바퀴 도는 것도 힘들어 했다. 하지만 체육대회처럼 달리기를 해서 등수를 정하는 것이 아니기 때문에 자기 역량대로 3바퀴를 걸어서 돌아도 되었다. 그러다 보니 달리기를 좋아하는 아이들은 아이들이 걸어서 3바퀴를 채우는 동안 더 돌기도 했다.

음에는 힘들어하고 귀찮아했다. 그러나 아이들이 걸어서 돌아도 되고 친구들이 빨리 달려도 같이 끝내주는 배려를 해주고 격려해주고 이제는 즐기면서 하는 것이다. 아이들은 습관이 돼서 아침이면 학교 운동장 도는 것을 즐기게 되었다. 이것이 바로 우리가 함께 사는 즐거움과 행복의 시작이 아닐까? 남과 비교하며 서로 경쟁 상대로만 보고 서로 질투하고 시기하던 아이들도 서로 격려해주고 칭찬해 주는 아이들로 바뀌었다. 항상 남과 비교하고 이기기 위해 살았다면 이제는 자신이 가지고 있는 역량대로 지켜봐주면 되는 것이다.

엄마가 아이에게 사랑을 주면 아이도 엄마를 사랑한다. 아이에게 화를 내면 아이도 화를 낸다. 결국 나에게 돌아오는 것이다. 아이는 엄마의 뒤를 보고 자란다. 그럼 우리 아이가 행복하길 바라는가? 그럼 엄마가 행복한 모습을 보여주면 된다. 엄마 스스로 자존감이 높으면 아이 또한 자존감이 높아진다. 그럼 어떠한 어려움이 와도 이겨내고 극복할 수 있다. 그리고 아이와의 관계를 긍정적으로 만들 수 있다. 엄마는 아이에게 가장 중요한 존재라는 것을 잊으면 안 된다. 우리 아이가 좀 부족하더라도 엄마는 아이를 이해하고 믿어주고 품어줘야 한다. 다 잘할 수는 없다. 성향이 다르고 받아들이는 것이 다른데 어떻게 다 똑같이 잘할 수 있겠는가? 그저 우리 아이가 잘하는 것을 찾아서 더 잘할 수 있도록 용기를 주면 된다. 혹시 좀 부족한 게 있으면 격려해줘서 자신이 부족하다는 것을 느끼지 않게 해도 좋다.

대부분 엄마들은 아이의 단점을 크게 보고 고쳐주면 아이가 완벽해질 수 있다고 생각한다. 그래서 단점을 많이 들추어내고 혼내고 고쳐주려 한다. 하지만 이것은 정말 아이를 힘들게 하는 일이다. 우리 아이의 장점을 찾아서 그것을 더 잘할 수 있도록 해주면 단점은 저절로 보이지 않는다. 세상을 살면서 완벽할 필요는 없기 때문이다. 아이의 장점을 찾고 장점을 더 잘할 수 있도록 도와주는 것도 엄마의 역할이다. 그래서 유명해진 사람도 세상에 많다. 세계적인 피겨 스케이팅 선수 김연아를 비롯해서 박찬호, 크리스티아누 호날두, 박지성, 리오넬 메시, 류현진, 손흥민, 안정환,

이승엽 등 엄청나게 많다. 우리 아이들이 세계적인 유명인이 아니더라도 최고로 빛나는 인생을 살 자격은 있다. 엄마의 노력이 있다면 가능하다.

아이가 하는 행동에는 이유가 있다. 아이의 떼를 다 받아준 엄마들은 아이들에게 끌려다닌다. 내 아이가 세상에서 가장 예쁘게 보이는 것은 사실이다. 하지만 너무 받아주면 버릇없을까 봐 칭찬에 인색한 엄마들이 있다. 하지만 아무 소용없다. 정말 아이를 바르게 잘 키우고 싶으면 칭찬을 많이 해주어야 한다. 수학 점수 50점 맞으면 어떠랴? 건강하게 잘 자라주면 그만이지. 하지만 이렇게 생각할 수 있는 부모는 별로 없다. 그래서 아이를 키우다 보면 세상에서 제일 예쁜 우리 아이가 남보다 뒤처지고 상처 받을까 봐 간섭하고 혼내는 것이다. 아이들에게 왜 공부가 필요한지 동기부여를 해주는 것이 중요하다. 혼자 하기 싫어서 딴짓을 자꾸 하면 엄마는 하라고 말로 시키지만 말고 같이 옆에서 책이라도 읽으면서 분위기를 만들어주고 모르는 것이 있으면 알려주면 된다. 그러면 아이가 바르게 잘 성장할 것이다.

아이들이 짜증을 내거나 화를 낸다고 아이와 똑같은 행동을 하면 안 된다. 그럴 때 아이의 행동을 보지 말고 왜 짜증을 내고 화를 내는지 아이의 마음을 들여다봐야 한다. 그리고 이유를 찾았다면 해결해주면 된다. 그런데 이유를 못 찾았다고 걱정하지 않아도 된다. 아이와 대화를 해서 마음을 알아주고 소통하고 공감해주면 된다. 그리고 아이에게 새로운 세상을 많이 보여주고 새로운 경험을 많이 하도록 도와주면 좋다. 나도 아이와 처음 해보는 육아라 서로 많이 헤매고 시행착오도 겪었지만 우리는 같이 성장했다. 그리고 앞으로 우리 아이들이 살아야 하는 세상은 우리가 살던 세상과는 너무나 다르기 때문에 우리의 생각을 가지고 아이를 교육하려고 하지 말아야 한다. 하고 싶고 원하는 것을 다 할 수 있도록 기회를 주고 응원해주고 믿어주고 지켜봐주면 좋겠다.

관찰하면 보이는 것이 있다

잘한다고 자랑하지 말고 못한다고 혼내지 말자. 우리의 아이를 관찰하면 보이는 것이 있다. 그리고 우리 아이들을 자세히 보면 정말 괜찮은 아이들이다. 아이의 자존감을 높여주고 주인공으로 살 수 있도록 괜찮은 사람이라고 말해주자. 아이는 행복해질 권리가 있다. 그리고 아이가 행복하면 나도 행복하다. 이 순간 최선을 다하고 즐겁게 즐기다 보면 아이와 나의 미래는 아름답게 다가올 것이다. 우리 아이는 내가 원하는 대로 자랄 것이다. 그럼 어떻게 살기를 원하는가? 당연히 행복하게 살기를 바랄 것이다. 행복은 멀리 있지 않다. 가까이에서 찾으면 된다. 아이는 엄마가 키우는 것이 아니라 믿는 만큼 스스로 자란다. 아이와 더 좋은 관계가 되길 바라면 아이의 말에 귀 기울여주면 된다. 아이들은 그 자체로 아름답기 때문이다

엄마라면 우리 아이를 최고로 잘 키우고 싶다. 아이를 사랑할수록 관심

을 더 갖는다. 그러다가 생각하는 것만큼 따라주지 않으면 아이들에게 화를 내고 잘하라고 혼을 낸다. 화를 내서 아이들이 더 잘할 수 있다면 화를 내라고 하고 싶다. 하지만 아이들을 키워보면 어떤가? 화를 내면 아이들이 주눅 들고 소심해져서 무슨 일이든지 하지 않으려고 한다.

엄마들이 아이가 잘하면 칭찬하는 일은 쉽다. 하지만 살다 보면 실패도, 실수도 할 수 있다. 이럴 때 실패했다고 혼만 내면 결국 그 아이는 그대로 멈출지도 모른다. 하지만 실패를 했을 때 용기를 줄 수 있는 사람도 결국은 엄마다. 나도 살면서 실패를 많이 해보았지만 계속 도전을 했다. 실패는 실패했을 때 다시 하지 않는 것이 실패인 것이다. 그렇게 엄마가 용기를 주고 믿어주고 사랑으로 키우면 공부가 아니라도 아이는 언제나 행복하게 살 수 있다.

아이가 행복하기를 바라는가? 그럼 아이가 가지고 있는 꿈을 찾아주고 그 꿈을 이룰 수 있게 용기를 줘라. 말로 꿈을 찾아주지 말고 관찰을 해보아라. 그럼 보일 것이다. 우리 아이가 무엇을 좋아하고 무엇을 했을 때 행복해하는지 알게 될 것이다. 아이들은 다 다르다. 선생님은 에디슨을 볼 때 학교를 자퇴할 만큼 형편없다고 생각했지만, 우리는 에디슨 엄마처럼 아이들을 봐야 한다. 우리 아이가 정말 즐겁게 할 수 있는 일이 무엇인지 같이 찾아주고 그것을 찾았다면 도전할 수 있도록 용기를 주자. 실패할 수도 있다. 하지만 다시 도전할 수 있는 힘을 주고 격려해주며 칭찬해줄 때 우리 아이는 정말 행복하게 무슨 일이든지 잘할 수 있을 것이다.

자녀를 엄마의 자랑거리로 키워서는 안 된다

"자녀 교육의 핵심은 지식을 넓히는 것이 아니라 자존감을 높이는 데 있다."

- 레프 톨스토이

칭찬과 사랑을 듬뿍 주셨던 2층 할아버지

자녀를 엄마의 자랑거리로 키우지 마라. 잘 나가는 부모는 내가 잘 나가니까 우리 아이들도 잘할 거라고 생각하고 못 나가는 부모는 나 같은 삶을 살게 하고 싶지 않아서 아이들을 나의 전부라고 생각하고 아이의 생각은 중요하지 않게 여기며 무조건 밀어붙이는 경향이 있다. 그렇게 아이들이 성장하면서 학교에서 공부를 잘하면 착한 아이이고 공부를 못하면 착하지 않은 아이일까? 공부를 잘하는 아이의 엄마들은 당당하다. 하지만 공부를 못하는 엄마들은 왠지 조용하다. 왜 엄마들이 아이의 성적을 가지고 엄마들끼리도 순위을 정하는 걸까? 참 어이없는 일이다.

체육대회가 있는 날이다. 아이들은 체육복을 입고 신이 나서 걸어가고 있다. 개회사가 선포되고 음악에 맞추어 국민체조를 했다. 왜 체육대회 날에는 체조를 해야 하는지 알 것 같다. 나는 국민체조를 할 때면 대표로 교단에 올라가서 했다. 내가 실수를 하면 전교생 모두 틀리는 날도 있었다. 생각해 보면 알아서 그동안 한 대로 하면 되는데 아이들은 아무 생각 없이 따라 하다 보니 잘못을 하면 그대로 틀리는 것이다. 그만큼 앞에서 어떻게 하느냐는 엄청 중요하다. 그리고 계주를 할 때 1등이 넘어지면서 2등, 3등 모두 넘어져서 뚝 떨어져 달려오던 4등이 1등으로 들어간 적도 있다. 아이들의 운동회를 보고 있자니 그때 했던 실수들이 떠올라 웃음이 난다.

현중이, 현철이 모두 백군이다. 같은 편이라 얼마나 좋은지 모르겠다. 현중이네 반이 줄다리기를 하고 있다. 줄다리기는 혼자의 힘으로 하는 것이 아니라 단합이 되어야 한다. "백군 이겨라, 청군 이겨라!" 서로 각자의 편에 깃발을 흔들며 힘을 모으느라 다들 열심히 '영차 영차' 큰 소리로 외치고 있다. 우리 현중이네 반이 이겼다. 다들 신나서 난리가 났다. 현철이는 콩주머니로 바구니를 먼저 열리게 하는 편이 이기는 게임을 했다. 아슬아슬 잘 열리질 않는다. 백군이 조금 벌어져서 먼저 열릴 줄 알았는데 청군이 이겼다. 청군 아이들은 신이 났다. 이제는 현철이가 달리기를 할 차례다. 현철이는 1등을 했다. 팔에 1등 도장을 받고 자리로 돌아갔다. 현중이 차례이다. 현중이도 역시 1등을 하고 팔에 도장을 받았다.

우리 아이들은 잘 달린다. 나도 학교 다닐 때는 잘 달렸다. 하늘만 보고 엄청 열심히 뛰었던 기억이 난다. 엄마들 달리기 경주가 있었다. 나는 아이들에게 적극적인 엄마의 모습을 보여주기 위해 신청했다. 1등을 하고 싶었다. 열심히 달리는 모습을 보여주고 싶었다. 마음은 1등으로 달리고 있는데 몸이 안 따라줬다. 그만 넘어지고 말았다. 창피했다. 얼른 일어나서 달렸다. 등수에 들지 못했다. 예전 같지 않다는 생각이 들었다. 그렇게 신나게 음악에 맞춰 경기도 하고 달리기도 하고 즐거운 하루를 보냈다. 백군이 이겼다. 우리 아이들은 백군이 이겼다고 신이 났다. 2층 할아버지는 현중이, 현철이에게 달리기 1등 잘했다고 용돈을 주셨다. 항상 할아버지는 우리 아이들에게 많은 칭찬과 사랑을 듬뿍 주셨다.

2층 아저씨는 당뇨로 꽤 오랜 시간 고생하셨다. 나중에는 당뇨가 심해져서 1주일에 3번 투석을 했다. 그리고 돌아가실 쯤에는 치매도 왔다. 큰아들 부부는 아이를 낳고 몸조리를 하러 왔다가 아저씨의 건강이 안 좋아져서 그다음부터 같이 살았다. 큰아들 부부는 사회복지사 일을 하다가 만나서 결혼을 했다. 참 상냥하고 싹싹하다. 그쪽 일을 해봐서 그런지 아저씨를 더 잘 보살필 수 있었다. 아저씨가 치매가 와서 병원으로 모셨을 때는 사람을 잘 알아보지 못했다. 그런데 우리 아이들 키워주실 때 기억은 하셨다. 마음이 많이 아팠다. 좀 더 고생하지 마시고 아이들 장가가는 모습도 보시면 엄청 좋아하셨을 텐데 증세가 심해져서 돌아가셨다. 나는 아저씨 장례식장에서 엄청 울었다. 며느리와 같이 산 시간이 5년이면 나랑 같이 산 시간은 거의 20년이 되었다. 우리 아이들을 손주로 생각해주셨고 나는 딸처럼 대해주셨다. 그 고마움은 평생 잊을 수가 없다. 아줌마와 가끔 점심을 같이 먹는다. 우리 아이들이 어릴 때는 자주 먹었다. 손수 수제비도 해주시고 정말 맛있었다. 지금은 눈이 많이 안 좋아서 걱정이다. 더 나빠지지 말아야 할 텐데 점점 힘들어 하신다. 세월 앞에는 장사가 없는 것 같다.

아이들이 얼마나 가치 있고 사랑스러운지 알려주자

우리 아이가 처음 고등학교에 들어가고 입학설명회가 있었다. 그때는 부모들이 많이 왔다. 아무래도 처음 고등학교를 보내고 궁금한 것도 많고 모르는 것도 많아서 참석을 많이 한 것 같다. 입학설명회가 끝나고 각자의 교실로 가서 담임선생님과 상담을 하고 집으로 왔다. 내 입장에서는 아이가 잘 적응하기만을 바랐다. 처음 중학교에 갔을 때도 많이 힘들어했는데 고등학교는 조퇴도 안 되고 아파도 안 되고 그런 느낌이었다. 수업을 빠지거나 지각을 하면 생활기록부에 남고 대학 입시 쓸 때 안 좋다고 말씀하셨다. 그래서 아프지 말고 학교생활을 잘하기만 바랐다. 다행히 잘 적응했다.

그렇게 시간은 흐르고 우리 현중이가 고등학교 2학년 때 학부모 모임이 있어서 학교에 간 적이 있다. 엄마들이 맞벌이를 하고 바쁘다 보니 참석 인원은 그리 많지 않았다. 강당에 전체로 모여 얘기를 나누고 각자 교실에 가서 아이들이 수업하는 참여 수업을 기다리고 있었다. 교실로 가보니 우리 반은 2명의 엄마만 참석했다. 나와 우리 반에서 1등을 하는 정훈이의 엄마였다. 나는 현중이에게 종종 정훈이의 얘기를 들었다. 현중이는 정훈이와 가장 친한 사이고 정훈이가 다니는 영어학원을 다니고 싶다고 해서 정훈이가 다니는 영어학원으로 옮겼다. 오늘 정훈이 엄마도 온다고 해서 어떻게 하면 고등학교에서 1등을 할 수 있는지 많이 궁금했다. 정훈 엄마에게 궁금한 것을 많이 물어보려고 했다.

그런데 정훈 엄마는 나의 고등학교 친구였다. 서로 얼굴을 보고 웃기만 했다. 이런 우연이 있다니? 그리고 그 친구의 아들이 우리 아들과 친하고 그렇게 공부를 잘하다니? 기쁘기도 하고 마음이 좀 그랬다. 내 기억으로 그 친구보다 내가 고등학교 때 공부를 조금 더 잘했다. 강당에서도 그 친구를 알아보는 엄마들은 많았다. 같은 중학교 다닐 때 알던 엄마들이라고 했다. 정훈이가 줄곧 공부를 잘해서 학교에서 임원을 했다는 것이다. 이해가 간다. 아이가 잘하면 엄마들도 똑같이 임원을 하고 학교 활동을 하기 때문에 자연스런 일이었다.

우리는 상담이 끝나고 커피숍으로 자리를 옮겼지만 나는 궁금했던 정훈이의 공부 방법을 묻지 않았다. 우리는 고등학교 때 즐거웠던 기억들을 이야기하고 다음에 만나자고 약속을 하고 그 자리를 떴다. 얼마의 시간이 흐르고 우리는 다시 만나기로 했다. 비가 오는 어느 날 칼국수가 최고라며 지나가는 길에 나를 태우고 칼국수 집으로 향했다. 맛있게 칼국수를 먹으며 우리는 또 학창 시절 얘기로 이야기꽃을 피우고 식사를 마쳤다.

자리를 옮기다가 우리는 교통사고가 났다. 그 친구는 초보운전이었다. 그날은 비도 왔다. 비보호 차선에서 직진차를 보지 못하고 좌회전하다 사고가 났다. 우리는 병원으로 옮겨지고 다행히 많이 다치지 않아 각자 집 가까운 병원에서 3주 정도 입원했다. 이 정도 다친 것은 천만다행이었다. 전에 교통사고가 난 적이 있는데 그때는 아이들도 뒤에 타고 있고 고속도로에서 사고가 나서 기절했었다. 깨어보니 앞뒤 유리창은 다 깨지고 차는 폐차시켰는데 아이들이 무사하고 나도 많이 다치지 않아 얼마나 다행이었는지 모른다. 그때에 비하면 아무것도 아니다.

요즘 엄마들은 아이들의 성적에 따라 엄마들도 성적이 좋은 줄 안다. 아이들이 공부를 잘하는 엄마는 어디서든 아이들 얘기가 나오면 벌써 어깨에 힘이 팍 들어간다. 나는 학교 다닐 때 그런 대로 공부를 잘했다. 항상 우리 부모님은 나를 자랑스럽게 생각했다. 나는 그럴 때마다 부모님을 기쁘게 해드린 것 같아 은근 기분 좋았다. 하지만 고등학교에 가고 성적이 떨어지기 시작했다. 그때부터 아빠는 어디를 가든 자랑스러워하지 않았다. 아니 어디를 가든 내 얘기를 하지 않았다. 그때 나는 많이 힘들었다. 마음으로는 전처럼 공부를 잘해서 아빠를 기쁘게 해드리고 싶었지만 그럴 수가 없었다.

현재의 내가 불만족스러울수록 아이에 대한 기대가 커진다. 기대가 크면 실망도 큰 법, 되돌릴 수 없는 실망은 원망으로 이어진다. 그러나 아이는 나의 분신이 아니다. 내가 이루지 못한 것들을 그들에게 기대할 이유는 하나도 없다. 내가 이루지 못한 꿈을 아이를 통해 이루려 하지 말자. 아이들 스스로 얼마나 가치 있고 사랑스런 아이들인지 알려주자. 절대 아이를 나의 자랑거리로 키우지 말자.

문구점 언니의 뼈 때리는 육아 이야기

05

즐거운 엄마가 행복한 아이를 만든다

"인생에 있어서 가장 큰 기쁨은
'너는 그걸 할 수 없다'고 세상 사람들이 말하는 그 일을 성취하는 것이다."

- 월트 베조트

등산을 하다

친구들과 모임에서 무주에 있는 덕유산을 갔다. 눈 내린 설경이 보고 싶어서 덕유산으로 향했다. 덕유산은 덕이 많은 너그러운 모산이라 해서 그런 이름이 붙여졌다. 덕유산 케이블카를 타고 설천봉에 오르면 정상 향적봉까지는 20~30분 만에 오를 수 있다.

그동안 문구점을 하면서 운동은 거의 할 시간이 없었다. 가까운 은행 볼일도 자동차를 이용해서 업무를 보았다. 그러다 보니 가까운 거리도 걸어 다니기 귀찮았다. 따로 시간을 내서 운동을 하는 것도 아니고 조금만 걸어도 숨이 찼다. 운동을 해야지 하면서도 습관이 안 되서 그런지 하기 힘들었다. 케이블카를 타고 설천봉까지 편하게 주변의 경관을 즐기면서 올라갔다. 설천봉부터 향적봉까지 걸어서 올라가는데 아래에서는 한 번도 보지 못했던 너무도 아름다운 눈꽃을 보고 감탄했다. 천천히 주위를 보며 올라갔는데 몇 번을 쉬었다 가야 했다. 내 체력이 이렇게 약해졌다니 정말 믿어지지가 않았다.

학교 다닐 때는 달리기 선수는 아니었지만 5km 달리기 대회에서 운동선수가 1, 2등을 하고 내가 3등으로 들어올 만큼 체력이 좋았다. 고등학교 때까지만 해도 운동을 정말 좋아했다. 체육대회 때 달리기 선수로 참가하기도 했다. 정말 아이를 키우고 문구점을 하면서 주말도 없이 일을 하다 보니 체력이 정말 장난 아니었다. 향적봉에서 그렇게 멋있는 설경을 보고 체력의 한계를 느끼면서 운동을 해야겠다는 생각이 들었다.

무슨 운동을 할까? 처음에는 고민이 많이 되었다. 고민하다가 산에서 느낀 그 상쾌함 때문이었는지 산에 가고 싶어졌다. 주말마다 특별한 일이 없으면 가까운 산부터 등산하기 시작했다. 너무 좋았다. 매일 주말이면 늦게까지 자도 늘 피곤하고 힘들었는데 3개월 정도 산에 다닌 뒤로는 머리가 맑아지고 피곤하지 않았다. 신기했다. 집에서 쉬는 것과는 정말 달랐다. 맑은 공기를 마시고 안 쓰는 근육들을 써서 처음에는 여기저기 알이 생기고 집을 나서기 힘들었지만 집을 나서고 입구까지만 가면 천천히 산을 즐기면서 등산을 하고 있었다.

문구점 언니의 뼈 때리는 육아 이야기

나의 생활이 이렇게 바뀌고 보니 집에서도 짜증내는 일이 많이 없어졌다. 문구점이 바쁘고 지칠 때면 아이들이 잘못을 하지 않았는데도 아이들에게 짜증을 내고 화를 냈던 일이 생각났다. 그런데 내 기분이 좋아져서 그런지 항상 웃는 일이 많았다. 하루는 우리 아이가 이렇게 말했다.

"엄마, 요즘 좋은 일 있으세요?"
"엄마 요즘 등산하잖아. 그랬더니 엄마 컨디션이 좋네."
"엄마, 행복해 보여요. 좋으면 계속 다니세요."

즐거운 엄마가 행복한 아이를 만든다. 혼자 산에 다니다 보니 한계가 있었다. 가는 곳만 가게 되고 안 가본 곳도 가보고 싶었다. 내가 산에 다닌다고 했더니 큰오빠가 산악회에 같이 가자고 해서 고민하다가 같이 다니기 시작했다. ○○산악회는 라이온스 회원들이 많이 다니는 산악회였다. 부부가 같이 가는 분들도 많으니 음주가무가 없어서 참 좋았다.

거기서 알게 된 동생이 있는데 가구점을 하고 있다. 자기도 가구점 일 외에는 취미생활을 하지 않고 가게에서만 파묻혀 살았다고 한다. 주말이 더 바쁜 관계로 취미생활은 엄두도 내지 않고 열심히 살았는데 3년 전에 유방암에 걸려 수술을 하고 항암치료를 하고 관리 중이라고 했다. 그 전에는 살기 바빠서 일만 하다가 그보다 더 중요한 게 건강이라는 것을 알고 꾸준히 산에 다니고 운동도 한다는 것이다. 그때 30대 후반으로 전혀 걱정하지 않았는데 나도 열심히 운동을 해야겠다는 생각이 들었다.

그 후로 3년 정도 산악회를 다니면서 전국에 있는 산들을 많이 다녔다. 산악회가 좋은 것은 혼자서는 가지 못하는 곳과 겹치지 않도록 장소를 정하기 때문에 참 많은 곳을 다녀봤다. 기억에 남는 곳은 울산에 대왕암, 지금은 이름도 기억나지 않는 산들도 많다. 그리고 오빠랑 같이 다니다 보니 새언니랑 큰언니도 같이 갈 때가 있어서 따로 가족 모임을 안 해도 같이 산을 타면서 잘 지낼 수 있었다.

산에 다니기 시작하면서 모임을 할 때도 산에 가지고 했다. 그때가 한참 등산이 유행하기 시작했다. 가깝게는 친구들과 동학사, 식장산, 대둔산, 계족사, 서대산, 수통골 등을 갔다. 가족끼리는 홍성에 있는 용봉산, 보은에 있는 속리산 등 기회는 만들기 나름이었다.

산악회도 좋았지만 친구들과 가족과 같이 산에 가는 일은 더 좋았다. 산에 가면 정말 머리도 맑아지고 우리끼리만 집중하게 된다. 그리고 산을 타고 먹는 김밥과 라면은 꿀맛이다. 왜 내려와서 먹으면 그 맛이 안 날까? 열심히 운동하고 먹어서 정말 맛있게 먹었다. 잊을 수 없다. 나는 김밥을 엄청 좋아한다. 김밥을 먹을 때면 항상 소풍 왔다고 생각하게 된다. 그래서 나는 김밥 먹을 때 행복하다.

옛날에는 소풍을 가면 꼭 김밥과 삶은 달걀, 사이다를 싸 갔다. 달걀을

문구점 언니의 뼈 때리는 육아 이야기

먹을 때 목메어 체한다고 사이다를 꼭 사주었다. 그때는 사이다도 꿀맛이었다. 소풍을 가면 전날 얘기해주었다. 지금처럼 학교에서 주간 계획표가 미리 나오지 않았다. 우리는 시골에 살아서 엄마가 김밥거리를 사서 김밥을 싸줄 수 없었다. 그래서 나는 중학교 때 꼭 비상금을 가지고 다니다가 소풍을 간다고 하면 그것으로 김, 단무지, 소시지, 당근을 사 갔다. 그래도 나는 행운인 거다. 김밥을 싸오지 못하는 친구들도 있었다. 그런데 웃긴 것은 김밥을 싸주셨는데 우리 가족이 많다 보니 썰어서 넣어줄 시간이 없어 길게 그냥 2줄 넣어주었다는 것이다. 못 싸온 아이들과 나눠 먹기도 하고 서로 바꿔 먹기도 해야 하는데 나는 그냥 베어 먹어야 했다. 그냥 베어 먹다 보면 단무지가 안 잘려 길게 죽 딸려 나오기도 했다. 지금 생각하면 불편할 것 같지만 그래도 참 맛있게 먹었다. 그리고 김밥 먹은 후에는 사이다가 정말 맛있다. 지금도 김밥을 집에서 싸게 되면 집에서 길게 먹는 걸 좋아한다. 이상하게 그렇게 먹는 게 맛있다. 김밥을 싸 가서 맛있게 먹은 소풍을 기억하면서 더 맛있게 먹는다.

하루하루가 정말 행복하다

문구점에 있을 때는 항상 레이더를 아이들에 초점을 맞추고 살았다. 최대한 잔소리를 하지 않고 혼내지 않으려고 해도 아이들에게 집중하고 있다 보면 가게 손님한테 받은 스트레스를 나도 모르게 아이들에게 풀고 있었다. 지금 생각하면 참 어이없는 행동이었다. 나도 그때는 늦은 사춘기

였나 보다.

그때 산에 다니면서 많이 웃고 다녔다. 몸도 좋고 기분도 좋고 그냥 행복했다. 그런데 우리 아이들에게도 그런 느낌이 있었나 보다. 엄마가 항상 웃는다고 너무 행복해 보인다며 좋다고 하는 것이었다. '아이들은 나의 뒤에서 나를 보고 있구나.' 나만 아이들을 보고 있는 줄 알았는데 아니었다. 서로 그렇게 지켜보고 있었던 것이다. 그리고 나만 아이들이 하고 싶은 거 하면서 살기를 바라는 것이 아니고 우리 아이들도 내가 하고 싶은 일을 하면서 살기를 바란다는 것을 알았다. 즐거운 엄마가 행복한 아이를 만든다는 것도 그때 알았다.

나는 지금 행복해지기 위해 즐거운 일을 찾아 시작했다. 하루하루가 정말 행복하다. 아이와 얘기를 하면서 나의 꿈을 찾아 내 남은 인생을 나를 위해 멋지게 살아보고 싶다고 했다. 무슨 일을 할까? 고민도 해보았는데 책을 써보고 싶었다. 나처럼 초보 엄마들이 아이를 키우면서 아이들과 좋은 관계를 유지하면서 잘 지내고 행복했으면 하는 생각으로 책을 쓰고 싶었다.

그래서 열심히 책을 읽다가 〈한책협〉이라는 곳을 알게 되었다. 1일 특강이 있어서 들어보고 다음 날 바로 7주 책 쓰기 과정을 등록을 하고 진행 중에 있다. 79기 작가들은 다들 자신들이 살아온 인생을 책으로 써나가고 있다. 학교 다닐 때 생각이 난다. 아니 어찌 보면 그때보다 더 즐겁

문구점 언니의 뼈 때리는 육아 이야기

게 수업을 하고 있다. 누가 시켜서 하는 것이 아니라 모두 원해서 하는 수업이라 그런 것 같다. 김 도사님의 수업 방식은 아마 우리나라에서 책 쓰기 코칭 중에서 최고일 것이다. 20년 동안 200권 이상 집필한 대단한 실력도 가지고 있지만 실력은 역시 결과로 나타난다. 〈한책협〉에 있는 사람들은 모두 책 한 권씩 집필하신 작가들이다. 김 도사님은 100억 부자이시다. 더 놀라운 것은 정말 어렵게 20대를 보냈다는 사실이다. 처음부터 물려받은 재산이 있는 것도 아니고 오로지 책을 쓰고 싶다는 꿈 하나로 이룬 결과이다. 김 도사님의 책을 읽어보면 얼마나 힘든 시간을 보냈는지 알게 될 것이다. 지금 나는 최고의 책 쓰기 코칭을 받고 있다. 사람은 살면서 3번의 기회가 온다고 한다. 나에게는 김 도사님을 만나 〈한책협〉에서 책을 쓰고 있는 지금 이 순간이 중요한 기회다. 그리고 나도 백만장자 메신저가 되어 누군가의 꿈이 되고 싶다. 기회는 왔을 때 꽉 잡아야 한다.

아이가 자라는 모든 순간은 감동이다

"사랑스럽고 예쁜 꽃이 빛깔도 곱고 향기가 있듯,
아름다운 말을 바르게 행하면 반드시 복이 있나니."

- 『법구경』

어느 날 갑자기 엄마가 되었다

갑자기 찾아온 임신 소식은 나에게 기쁨이지만 마음껏 기뻐할 수가 없었다. 연애를 하는 중 하게 된 임신이라 엄마에게 어떻게 말을 해야 할지 고민이 먼저 되었다. 아빠의 얼굴은 어떻게 봐야 할지 걱정이 되었다. 하지만 알려야 했다. 엄마에게 엄청 혼날 줄 알았는데 쿨하게 인정해주셔서 엄마를 보고 놀랐다. 항상 엄하고 무서운 엄마 아빠였기에 의아했다. 한 달 만에 결혼식을 올리고 다니던 회사도 그만두고 대학 때부터 하던 주말 알바도 결혼 1주일 전까지 해주고 그렇게 결혼 생활이 시작되었다.

문구점 언니의 뼈 때리는 육아 이야기

원래는 아이를 낳고 다니던 회사를 계속 다니려고 생각했다. 사장님은 너무 좋으신 분이었다. 그 업계에서는 최고의 대우를 받으며 다니던 회사라 그만두기가 아깝기도 했다. 사장님이 제안을 했다. 결혼하고 아이를 낳으면 10시 출근하고 5시 퇴근하라고 구체적으로 시간을 말씀하시면서 계속 회사에 나오라고 하셨다. 준비 없이 갑자기 하게 된 결혼이라 나는 아이를 키우면서도 일을 하고 싶었다. 인정해주는 사장님이 있고 동료들과도 너무 재미있게 회사 생활을 했기 때문에 대전에 있었다면 결혼하고 한참 다녔을 회사였는데 결혼과 동시에 서울로 이사를 하게 되었다.

갑자기 변한 나의 생활에 적응하기 힘들었다. 아는 사람 하나 없는 서울이 나는 너무 싫었다. 매주 대전에 모임이나 가족 행사 때문에 내려오게 되고 가족이 그립고 친구가 그리워서 많이 울었다. 그러다가 큰아이가 태어나고 큰아이를 보면서 너무도 행복했다. 그냥 나를 보고 웃어주고 배고프면 밥 달라고 울음으로 표현했지만 나에게 여자가 아닌 엄마라는 이름을 붙여준 우리 아이가 얼마나 소중하고 예뻤는지 모른다. 아이를 키우는 동안 모든 순간이 감동이었다. 엄마라면 누구나 아이를 잘 키우고 싶을 것이다. 어떻게 키우는 것이 잘 키우는 건지 자신이 없고 불안했다. 하지만 그냥 아이와 함께 있는 하루하루가 행복하고 신기했다.

그러다가 가족과 친구가 그리웠다. 하던 일을 접고 다시 대전으로 내려와 문구점을 알아보며 시댁에 들어가 살았다. 월급 대부분을 저축하고 있었기 때문에 한 푼도 쓴 돈이 없었다. 뭔가는 해야 했다. 그냥 있을 수 없었다. 처음에는 다니던 회사에 연락해서 다시 들어갈 생각도 했다. 그런데 아이는 어떡하지? 돌도 안 된 아이를 맡길 수 있는 곳이 없었다. 아이는 내 손으로 키우고 싶다는 생각이 더 강해서 문구점을 하기로 하고 여기저기 알아보고 다녔다.

처음에 생각했던 곳은 아파트 상가라 방도 없는데 보증금과 월세를 처음 얘기했던 것보다 더 달라고 했다. 그 주변에 살 집을 알아봤는데 방도 구할 수 없었다. 그래서 맘을 접고 조금 천천히 구하더라도 방이 있는 곳을 알아보기 시작했다. 우연히 지금 가게를 보게 되었다. 신축건물이라 보증금과 월세가 내가 가지고 있는 돈으로는 부족해서 어떻게든 그곳을 얻고 싶었지만 얻을 수 없었다. 계속 주인집에 연락을 하고 사정을 해서 어렵게 문구점을 시작하게 되었다. 보증금도 부족해서 어렵게 돈을 장만하고 가게는 구했는데 이제는 물건을 채워야 장사를 할 수 있을 텐데 물건 채울 돈이 없어서 걱정이 되었다.

하지만 원하는 곳에 길이 있다고 남편이 문구도매점에 취직을 하고 거기서 외상으로 물건을 가져오고 완구점에는 아는 분 도움으로 외상으로 물건을 가져와서 그렇게 가게를 열게 되었다. 월급 받은 돈은 전부 물건값을 갚는 데 썼다. 가게에서 들어오는 수입도 거의 빚을 갚는 데 올인했다. 그때는 지금처럼 대형마트도 없었고 온라인 쇼핑이 없었기 때문에 11

문구점 언니의 뼈 때리는 육아 이야기

월 가게를 열고 다음 달 크리스마스 때와 1998년 5월 어린이날에는 하루 종일 포장만 했다. 그렇게 나의 아이와 가게는 조금씩 성장을 했고 지금까지 가게를 계속하고 있다. 가게를 시작하고 10년 동안 일요일도 없이 7시에 가게를 열고 10시에 문을 닫았다. 방이 같이 있어서 가능한 일이었다. 주인집에서 아이들을 손주처럼 돌봐주셔서 가능했다. 그러다가 둘째가 태어나고 두 아이의 엄마가 되고 정신없이 살았다. 지금 다시 돌아가라고 하면 못 할 거 같다.

아이들은 믿는 만큼 스스로 자라는 신비한 존재다

우리 엄마한테 학교 다닐 때 "공부해라, 숙제해라."라는 말을 한 번도 들어본 적이 없다. 아버지는 우리에게도 배우고 싶으면 얼마든지 가르쳐 준다고 대학을 가라고 했다. 그때 우리 집은 나, 작은언니, 작은오빠가 대학을 다니고 있었다. 오빠는 아들이다 보니 자기가 군대에 월급 최고 많이 주는 곳으로 지원해서 갔다. 군대에서 받은 돈으로 학교를 다녔다. 그당시 우리 친구들은 시골에서 농사지어서 딸까지 대학 보내는 집들이 별로 없었다. 고등학교만 졸업하면 나가서 돈 벌라고 내보내는 집이 많았다. 고등학교도 상고나 공고를 보내 바로 취업하는 친구들이 많았다. 지금 생각하면 각자 자리에서 잘 살고 있는 것 같다.

나는 우리 엄마를 생각하면 마음이 아프다. 아버지가 엄마에게 항상 했던 말은 "무식해서 말뜻을 못 알아듣는다고."라는 말이었다. 엄마는 그런 말을 들을 때마다 울면서 아빠랑 싸우는 일이 종종 있었다. 나는 얼마나 나쁜 딸이었는지 아빠가 엄마에게 그런 말을 하면 아버지에게 그런 말을 하지 말라고 해야 했는데 무관심했다. 나는 한 번도 아버지를 말려본 적이 없다. 더 중요한 것은 나라면 무시하고 살았을 것 같은데 엄마는 그 말을 들을 때마다 울었다. 난 못 본 척했다.

엄마가 울면서 했던 말이 아직도 마음에 생생하게 남아 있다. 엄마는 엉엉 울면서 자기도 학교에 다니고 싶었다고 했다. 엄마는 너무 가난한 집에 태어나서 10남매 중 셋째였는데 위로 오빠 2명이 있었고 아래로 동생들 7명이 있었고 할머니가 너무 힘들어서 초등학교를 그만두면 안 되겠냐고 해서 초등학교를 다니지 못하고 동생들 돌봐가며 집안일을 한 것이었다. 그래서 아버지가 무식하다고 하는 말이 너무나 듣기 싫었다고 했다. 아버지는 잘사는 집의 막내아들이라 고생 한 번 해보지 않고 서당에서 글만 배우고 침 놓는 방법을 배우고 어른이지만 애 같은 구석이 있었다. 지금 생각하니 너무 안 어울리는 결혼이었다.

그렇게 엄마는 어려서부터 일을 잘하기로 소문이 나서 부잣집으로 시집가면 굶지 않을 것이라는 중매쟁이 말을 듣고 결혼을 하게 되었다. 그런데 아버지는 일만 하는 우리 엄마에게 그렇게 가슴에 상처가 되는 말을 입에 달고 살았다. 우리 아빠가 남들에게는 호인이고 나쁜 소리 안 하는

문구점 언니의 뼈 때리는 육아 이야기

사람이었는데 왜 엄마에게 그렇게 못되게 굴었는지 참 이해가 안 된다.

나는 아이들을 키우면서 알게 되었다. 아이들도 하나의 사람으로 대해야겠다. 나도 하기 싫으면 아이들도 하기 싫다. 공부하고 숙제하라고 하지 않아도 할 아이는 한다는 것을 알았다. 아이가 무엇을 하고 싶어 하는지 알아봐주는 게 더 좋을 것 같다. 지금 엄마들에게 꼭 해주고 싶은 말이 있다. 아이들 키우는 거 잠깐이다. 나도 아이들이 성장하고 나서 아이를 키우는 모든 순간이 감동이라는 것을 깨달았다.

우리 아이들을 키우면서 '우리 엄마 아빠도 하고 싶은 거 참아가면서 우리를 키웠겠구나. 엄청난 사랑을 주시면서 키웠겠구나.' 하는 생각을 하게 된다. 아이들에게 많은 것을 배웠다.

아이들은 태어나서 6살까지 평생 해야 될 효도를 다 한다고 한다. 지금 아이가 미운 7살이라 힘든가? 중학교 가더니 사춘기가 와서 말을 안 듣고 자기 하고 싶은 대로만 하려고 해서 힘든가? 처음 엄마가 되었을 때의 마음을 돌아보기 바란다. 어떤 마음이었는가? 건강하게 태어나줘서 고맙고 나의 아이로 태어나줘서 고맙고 나를 보고 웃어줘서 행복하지 않았는가? 아이가 태어나서 부모에게 준 기쁨을 어찌 다 말로 할 수 있겠는가? 아이가 자라면서 어려움이 생기지만 아이가 주는 기쁨을 생각하면 그만큼 감사할 수 있을 것이다. 아이를 키워보지 않으면 부모의 마음을 헤아리기 어렵다. 자식을 낳고 키워봐야 비로소 부모의 마음을 알게 되고 아이를 낳고 기르는 것은 정말 감동이다. 그때는 더 바랄 것이 없을 것이다. 그럼 지금이라고 달라진 것이 있는가? 부모의 욕심이다. 아이가 성장해서 말 좀 안 듣고 자기가 하고 싶은 것만 한다고 힘들어하지 말고 이해를 해주려고 노력했으면 좋겠다. 아이는 엄마가 키우는 것이 아니라 믿는 만큼 스스로 자라는 신비한 존재다. 아이와 더 좋은 관계가 되기를 바란다면 아이의 말에 귀 기울여주자.

문구점 언니의 뼈 때리는 육아 이야기

아이들은 그 자체로 아름답다

"사랑받고 싶다면 사랑하라. 그리고 사랑스럽게 행동하라."

- 벤자민 프랭클린

산만한 아이들은 호기심이 많다

현중이와 현철이가 태권도에서 1박 2일 합숙을 갔다. 오랜만에 친구 집에 놀러갔다. 민석이와 형석이는 책상에서 무엇인가 열심히 하고 있었다. 우당탕 거리는 소리가 나는 것 같기도 했다. 하지만 우리는 별일 아니려니 하며 차를 마시면서 얘기를 하고 있었다. 그런데 얼마 후 형석이는 형이 자꾸 괴롭힌다고 울면서 나왔다. 자초지종을 들어보니 형석이는 좋아하는 그림을 그리고 있었다. 형은 일기를 쓰다 말고 형석이에게 그림은 그렇게 그리는 것이 아니라고 색은 이렇게 칠하고 나무는 이렇게 그리라고 옆에서 사사건건 방해를 한 것이다. 형석이가 형에게 그러지 말라고 내 마음대로 그릴 거라고 하는데도 형은 그리기를 알려주겠다고 방해를 한 것이다. 친구는 화를 내지 않고 이렇게 말했다.

"민석이는 희생정신이 강하네. 자기 일기는 안 쓰고 학교 가면 선생님한테 혼날 텐데 동생을 도와주려는 마음이 정말 기특하다. 그런데 민석아, 네가 그림 그리기를 도와주면 형석이의 그림 실력이 늘지 않아. 혼자할 수 있도록 해주자. 그리고 민석이는 일기를 쓰자."

산만한 아이들은 호기심이 많다. 남의 일에 사사건건 참견하여 결국 자기 일은 10분도 집중을 못 하는 경우가 있다. 산만한 아이들은 야단을 맞으면 머릿속이 복잡해서 더 산만해진다. 그러나 엄마에게 자신의 생각을 조금이라도 인정해주면 안도감을 느끼고 좀 더 집중한다. 친구는 산만한 민석이의 생각을 그대로 인정해주었다. 민석이는 일기를 쓸 수 있었다.

산만한 아이 중에는 참견을 하는 경우도 있지만 불안하고 초조해하는 아이들도 있다. 요즘처럼 맞벌이를 하는 아이들은 집에 와도 엄마가 없어서 허전해하는 경우가 있다. 이럴 때 친구들을 집으로 데리고 와서 잔뜩 어지럽혀 놓는다. 그러나 친구들이 가면 왔다 갔다 시간을 낭비하는 일이 많다. 이럴 때 전화를 해서 혼자서도 준비물을 챙기고 숙제를 할 수 있도록 늘 격려하고 칭찬해주어야 한다. 낮에 아이에게 주지 못했던 사랑을 퇴근 후에 마음껏 안아주며 안정감을 느낄 수 있도록 해주자.

부모가 아이들이 잘하기를 바라는 마음에서 잘한 것은 얘기하지 않고 못한 부분만 얘기하는 것은 아이를 산만하게 만든다. 내 아이의 단점을 고치려고 강요할 경우 아이는 심한 좌절감을 맛보게 된다. 이렇게 되면 아이가 지니고 있는 장점은 사라지고 단점에 대한 열등감만 남는다. 결국 자신감을 잃어 이것저것 관심을 기울여도 어느 것 하나 집중하지 못하는 일이 있다. 그래서 아이가 지닌 단점을 고쳐서 모든 것을 잘할 수 있도록 끌어올리기보다는 한 가지 장점을 부각시켜 자신감을 얻고 나머지를 잘할 수 있도록 이끌어 주어야 집중력도 갖게 된다.

현주는 사교성이 좋은 아이다. 하지만 현주는 혼자 스스로 하는 것을 두려워한다. 그래서 엄마가 뭘 어떻게 해야 하는지 잘 모르겠다고 한다. 공부를 할 때도 집중하지 못하면 10분도 안 되서 딴짓을 한다. 다른 사람들 얘기에 귀 기울이고 있다가 끼어들어 같이 얘기하는 경우가 다반사다. 현주가 공부하고 있을 때, 공부를 일찍 끝낸 동생이 노는 모습을 보면 화를 내고 집중을 못한다. 동생에게 사랑을 빼앗긴다고 생각을 하고 불안감이 들어서 공부에 집중하지 못하는 것이다. 그런데 엄마는 현주의 마음도 모르고 학교에서 돌아오면 숙제부터 끝내고 놀라고 이야기한다. 하지만 고쳐지지 않았다. 현주처럼 사교성이 좋은 아이는 협동 학습이 중요하다.

사교적인 아이들은 혼자 공부하는 것만큼 힘든 일이 없다. 그래서 집에서 공부할 때 엄마도 책을 읽고 동생은 그림 그리기를 시키면 좋다. 사교적인 아이들은 함께하는 것에서 에너지를 얻는다. 그래서 친구랑 같이 공부하도록 하는 것도 좋은 방법이다.

학교 다닐 때 선생님은 나에게 심부름을 잘 시켰다. 그럴 때마다 기분이 좋았다. 화요일 4교시가 끝나면 나는 농협에 다녀왔다. 지금은 저금을 따로 학교에서 받지 않지만 예전에는 학교에서 단체로 화요일 날 용돈을 가지고 와서 돈을 입금하기 위해서 농협에 가서 통장에 일일이 찍어와야 했다. 나는 그런 심부름을 할 때면 선생님이 나를 믿어주고 중요한 일을 맡긴다고 생각해서 더 잘하려고 노력했다. 같은 반 친구들도 부러워했다.

꿈이 생기면 아이들은 원하는 꿈을 위해 최선을 다한다

나는 아이들이 초등학교에 들어가고 아침 시간이 더 바빠졌기 때문에 아이들도 빨리 일어나야 했다. 밥을 차리고 아이들을 깨우는 것이 아니라 밥을 하면서 아이들을 깨우면 일어나자마자 침대 이불을 펴놓고 현중이는 상을 펴고 반찬을 꺼내고 현철이는 수저를 놓고 나를 도왔다. 같이 밥을 먹고 나는 가게로 나왔다. 아이들은 씻고 옷을 입고 학교 갈 준비를 하고 나왔다. 아이들에게 작은 일부터 시켜보면 좋겠다. 그리고 작은 일이라도 도와주거나 시킨 일을 잘했을 때 칭찬해주어 성취감을 느끼게 하면 책임감도 기를 수 있어 좋다.

아이들이 중학교에 가고 10시가 넘으면 간식을 찾기 시작했다. 처음에는 저녁을 먹었는데 너무 늦게 잠자기 전에 간식을 먹고 자면 아침밥을 잘 먹지 못하고 자는 동안도 위장이 쉬지 못 해서 피곤하니까 그냥 자라고 했다. 하지만 배가 고파서 잠이 안 온다고 우는 것이다. 그래서 이해가 되지 않았지만 '먹고 죽은 귀신은 때깔도 좋다'는데 먹고 싶다는 것을 물어보고 시켜주었다. 치킨, 피자는 기본이고 빵과 우유, 바나나, 라면, 너겟 등 떨어지지 않도록 준비를 해놓고 먹고 싶은 대로 골라 먹으라고 했다. 3년 동안 거의 매일 밤 먹은 것 같다. 그렇게 잘 먹어서 그런지 중학교 때 30cm 정도 컸다.

나는 종종 엄마들에게 중학생이 되면 잘 먹이라는 얘기를 들었다. 저녁을 먹고 10시만 되면 밥 달라고 하는 아이들이 있는데 배 속에 거지가 있는지 라면 3개에 밥까지 말아먹는다는 것이었다. 그래서 남자아이들은 중학교 때 많이 큰다는 것을 알았다. 이때는 몸에서 필요한 에너지가 많아서 먹는 것을 찾는 것이니까 아이들이 원할 때 많이 먹이라고 하고 싶다. 지금은 대학교를 서울로 가서 먹이고 싶어도 먹일 수가 없다. 아이들과 같이할 시간은 무척 짧다. 키우는 동안에는 처음 아이를 키우는 것이라 많이 서툴고 어떻게 해야 할지 몰라 힘이 들지만 그때 아이들과 같이한 추억은 평생 기억으로 남을 것이다.

여자 중학생들을 보면 화장을 제법 잘한다. 우리가 자랄 때는 꿈도 꾸지 못했던 일이다. 고등학교에 가서 조금만 화장을 해도 이상한 아이 취급을 받았다. 하지만 요즘 아이들은 중학생이 되면 모두 화장을 한다. 엄마들 입장에서는 아직 자라는 중이고 피부에 좋지 않을 것 같아 아무것도 하지 않기를 바란다. 아이들은 모른다.

아이들은 그 자체로 아름답다. 모든 아이가 화장을 하기 때문에 이상하게 보지도 않는다. 당연해졌다. 그리고 지금 생각해보면 멋도 부지런해야 부릴 수 있는 것 같다. 옛날에는 대부분 엄마의 영향을 많이 받았기 때문에 화장을 잘하는 엄마들 딸들이 대체로 화장을 잘했다. 하지만 요즘은 혼자 인터넷으로 찾아보고 배워서 하기 때문에 엄마들과 많이 상관이 없다. 그리고 친구들끼리 어느 제품이 좋다고 서로 공유한다. 중학교 때 메이크업 쪽으로 관심 있는 아이들은 메이크업학원을 보내달라고 한다. 제빵에 관심 있는 아이들은 제빵학원에 보내달라고 한다. 이렇게 자기들이 하고 싶은 꿈을 발견하고 도전하려고 할 때 엄마들은 보내줘야 한다. 또는 엄마들이 아이의 소질을 유심히 관찰했다가 시켜보는 것도 좋다.

어릴 때 많은 것을 접하고 도전해보고 경험을 많이 쌓는 것은 무척 중요하다. 10대에 하고 싶은 게 있다는 것은 정말 좋은 일이다. 꿈이 생기면 아이들은 원하는 꿈을 위해 최선을 다한다. 요즘 아이들은 엄마가 시키는 대로 말을 잘 들으면 대학교까지 원하는 대학을 가는 경우가 많다. 성적에 맞춰서 과도 선택한다. 그 후는 어떤가? 막상 대학교는 엄마가 원하는 데로 들어갔다. 그때부터 아이들은 방황하게 시작한다. 진로를 바꾸겠다고 하고 더 심한 경우는 왜 다니는지 모르니까 그만두겠다고 한다. 그때 가서 하고 싶은 일 찾으려고 해도 하고 싶은 것이 없다는 아이들이 많다. 결국은 꿈도 없고 하고자 하는 의욕도 없어진다. 그러므로 그때 가서 한탄하며 후회하지 말고 지금 아이들이 하고 싶어 하는 것이 있으면 많이 경험하게 해주길 바란다.

문구점 언니의 뼈 때리는 육아 이야기

엄마 서정미, 작가 서정미가 되었다

"이제 당신의 시간이다. 오늘은 당신이 다른 사람들을 위한 희망과 도움의 등대가 되고자 결심하는 날이다. 밝게 빛나라. 메시지를 나누어라. 변화를 일으켜라. 메신저로 살아갈 새로운 문 앞에 선 당신의 건승을 빈다."

브렌든 버처드의 『백만장자 메신저』 마지막 페이지에 나오는 말이다.

이 책은 초보 엄마들이 아이들을 키우면서 힘들어하는 부분을 조금 일찍 경험한 나의 생생한 사례를 담았다. 나도 우리 아이들이 자라기 전에 우리 집에 오는 문구점 꼬마 손님들과 선배 엄마들을 보면서 배웠다. 옆집 선배 엄마처럼 조금 더 일찍 경험한 생생한 얘기를 듣고 싶다면 꼭 읽어보기를 바란다. 아이들을 키우는 동안은 순간이다. 그때는 잘 몰랐지만 아이들을 키우는 동안에는 모든 순간이 감동이었다. 그때는 잘 몰랐다. 나는 모든 엄마가 그런 소중한 순간을 놓치지 않기를 바라는 마음으로 이 책을 썼다. 나는 여기서 멈추지 않고 나의 도움이 필요한 분이 있다면 달려갈 준비가 되어 있다.

"성공해서 책을 쓰는 게 아니라 책을 써야 성공한다."라는 김 도사님의 말을 듣고 용기을 얻었다. 〈한책협〉을 알게 된 것은 나에게 행운이고 책을 쓰는 데 도움을 주신 김 도사님, 권 마담님에게 감사를 드린다.

보통 유명한 사람들만 책을 쓴다고 생각하고 살았다. 내 주위에도 '작가'는 한 사람도 없다. 그런데 내가 책을 썼고 출판사와 계약을 끝냈다. 처음 현중이한테 출판사와 계약했다고 알렸다.

"엄마, 대단해요! 어떻게 그렇게 쓰실 수 있어요? 정말 대단해요. 엄마 책 나오면 빨리 읽고 싶어요."

계속 대단하다고 이야기한다.

'와. 정말 이런 기분이구나. 하늘을 나는 기분. 다른 사람들보다 아들에게 인정받는다는 것은 정말 기쁜 일이다!'

계약을 하고 다음 날 현철이가 휴가를 나왔다.

에필로그

"엄마, 출판사랑 계약했어."

"정말이요? 책 나오는 거예요?"

"그럼 나오지. 책 주인공은 현중, 현철 너희야."

"야! 엄마 대단하네요. 빨리 읽고 싶어요. 요즘 친구들을 보면 책을 많이 안 읽어요. 하지만 내가 주인공이라 사서 읽으라고 하면 읽을 거예요."

"정말? 호호."

우리는 서로를 보며 크게 웃었다. 정말 행복했다. 이렇게 즐거운 대화를 했다. 엄마가 아닌 작가의 입장에서 하는 대화는 하늘을 나는 기분이었다.

이 책이 세상에 나오는 데는 무엇보다 출판사 미다스북스의 공로가 크다. 처음 작가가 되기 위해 투고를 하고 두근거리는 마음으로 기다리고 있는데, 나의 글을 인정해주고 계약을 진행해준 실장님과 여러 가지를 세심하게 알려주신 편집팀장님, 마지막으로 좋은 인연이 된 대표님께 감사드린다.

2019년 11월

서정미